対話重視型教育 新学フォーラム代表

まえがき

数学は論理学とも言われ，「筋道立てて説明する能力」が問われます．そのため正解はもちろんですが，正解を導き出すまでのプロセスも重視されるのです．ものごとを相手にわかりやすく論理的に伝える表現力，正解にたどり着くまでの思考力や発想力が十分認められれば，答えが違っていても途中式さえ合っていれば部分点をもらえることもあるのです．多くの生徒が苦手とする証明問題が，典型的な数学だといっても過言ではないでしょう．

私は津田沼（千葉県）で学習塾「新学フォーラム」を主宰する西口正と申します．私は塾を開いて30年近くになりますが，数学嫌いの生徒を一人でも救いたいと願って試行錯誤を繰り返した結果，「学力向上の秘訣は丁寧に教わって，たくさん演習すること」との結論に達しました．そのため私の数学本の多くは「説明」と「練習」を繰り返す形を取っています．説明の後すぐ練習を繰り返すことによって基礎基本がガッチリ固まり，数学の底力(そこぢから)が定着すると固く信じているからです．

そして数学が苦手な人にも取り組みやすいよう，イラストや小噺なども随所に盛り込んでいます．例えば「平方根はババ抜き」「キツネの法則」「サザンクロス」など，遊び心をふんだんに取り入れたビジュアル重視の説明を絶えず工夫しています．これは単なる解説や公式を羅列するだけでは，ますます数学嫌いを増やすだけと考えているからです．楽しく学ぶことによって一人でも数学好きを増やし，日本全体の数学力向上のお役に立ちたいとの使命感に燃えています．

また，教員（公務員）志望者向け月刊誌『教員養成セミナー』（時事通信社刊）から執筆依頼があり，一般教養の数学記事の連載，同時に解説動画もYouTubeにアップしていただきました．読者から「数学は『○○公式を覚えよう』のように押しつける先生が多く，数学が嫌いになってしまったが，西口先生は，なぜそうなるのかを，面白おかしく教えてくれるので，数学が楽しくなりました」との感想をいただき，逆にこちらが励まされ，大変心強く感じたものです．

この本は中学数学が楽しく学べるように基本から応用までを幅広く網羅しました．中学生はもちろん中学生のお子様をお持ちの保護者の方や数学を学び直したい社会人のお役に立ちたいとの一心で書き上げました．この本で中学数学の基礎基本（底力）をガッチリ固め，大いに楽しんでください．

令和3年7月

新学フォーラム　西口正

もくじ

中学3年

特別授業　図形

カバー本文デザイン／Boogie Design
イラスト／末吉喜美

本書の使い方・３つのステップ

ステップ１　説明を読む

左ページの説明は簡単なところでも必ず読みましょう．
この本には，数学の基礎基本のエッセンスがふんだんに盛り込まれています．
簡単なところほど「うっかりミス」がおきやすいので，必ず読んでください．

ステップ２　大事なところにマーカーで線をひく

説明を読んで理解できたら，右ページの練習問題にかかる前に左ページ下の「これだけは覚えよう！」と，右ページ上の「ヒント！」に蛍光マーカーで線をひきましょう（おすすめは黄色）．
「これだけは覚えよう！」と「ヒント！」はとても大切なので，必ず覚えましょう！

ステップ３　練習問題を解く

左ページが理解できたら，右ページの練習問題にとりかかりますが，全問３回ずつ練習するつもりで，ノートを用意しましょう．
１回目，２回目はノートに答えを書き，３回目はこの本に直接書き込むといいでしょう．
私の教室ではボールペン学習法で，初回からボールペンで本に直接書き込んで，緊張感を高める指導を実践しています．

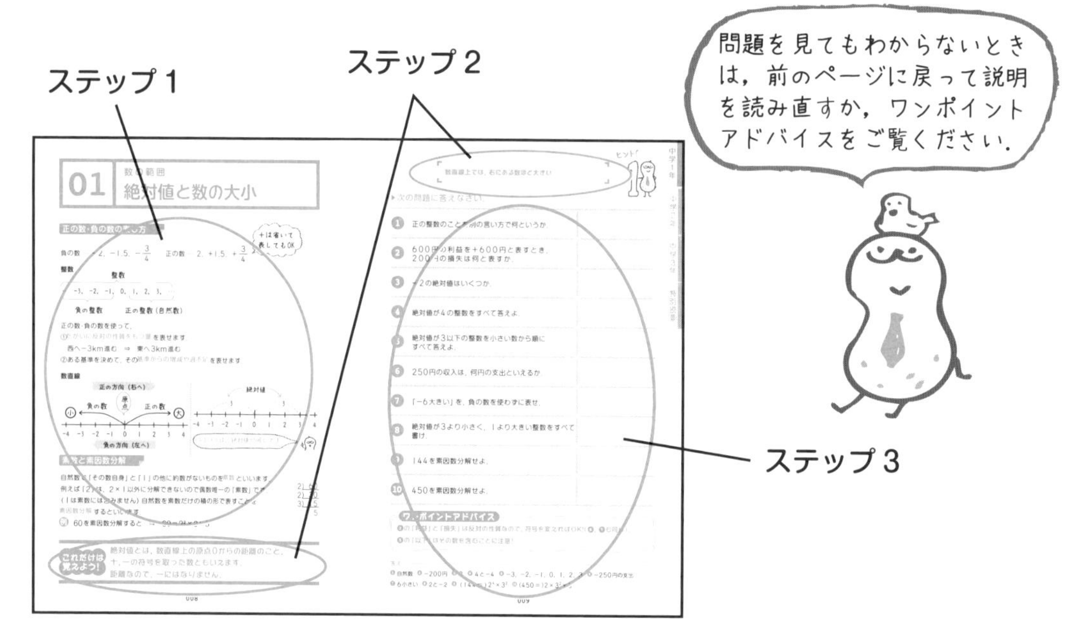

中学1年

中学1年の数学
攻略のポイント

- まず符号（＋，－）を考えよう！
- 方程式に強くなろう！
- 分数は約分を忘れずに（仮分数のままでOK）！
- 単位に気をつけよう！
- 文字は数字に置き換えて考えよう！

01 数の範囲 絶対値と数の大小

正の数・負の数の表し方

負の数 … $-2,\ -1.5,\ -\dfrac{3}{4}$　　正の数 … $2,\ +1.5,\ +\dfrac{3}{4}$

＋は省いて表してもOK

整数

整数

… $-3,\ -2,\ -1,\ 0,\ 1,\ 2,\ 3,$ …

負の整数　　正の整数（自然数）

正の数・負の数を使って,

①たがいに反対の性質をもつ量を表せます.

西へ－3km進む　⇒　東へ3km進む

②ある基準を決めて, その基準からの増減や過不足を表せます.

数直線

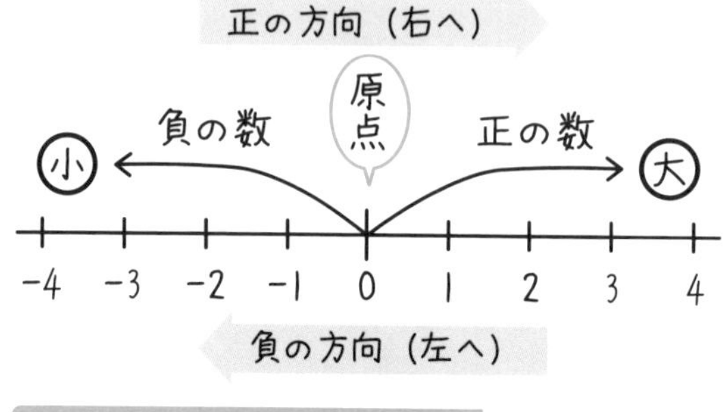

絶対値

3　3

-4 -3 -2 -1 0 1 2 3 4

-3と+3は, 絶対値が同じです.

素数と素因数分解

自然数で「その数自身」と「1」の他に約数がないものを素数といいます.

例えば「2」は, 2×1以外に分解できないので偶数唯一の「素数」です.

（1は素数には含みません）自然数を素数だけの積の形で表すことを素因数分解するといいます.

2) 60
2) 30
3) 15
　　5

例 60を素因数分解すると　⇒　$60=2^2\times3\times5$

これだけは覚えよう!

絶対値とは, 数直線上の原点0からの距離のこと.
＋,－の符号を取った数ともいえます.
距離なので, －にはなりません.

「数直線上では，右にある数ほど大きい」

▶次の問題に答えなさい．

1 正の整数のことを別の言い方で何というか．	
2 600円の利益を＋600円と表すとき，200円の損失は何と表すか．	
3 －2の絶対値はいくつか．	
4 絶対値が4の整数をすべて答えよ．	
5 絶対値が3以下の整数を小さい数から順にすべて答えよ．	
6 250円の収入は，何円の支出といえるか．	
7 「－6大きい」を，負の数を使わずに表せ．	
8 絶対値が3より小さく，1より大きい整数をすべて書け．	
9 144を素因数分解せよ．	
10 450を素因数分解せよ．	

ワンポイントアドバイス

❷の「利益」と「損失」は反対の性質なので，符号を変えればOK!(❻，❼も同じ)．
❺の「以下」はその数を含むことに注意!

答え

❶自然数　❷－200円　❸2　❹4と－4　❺－3，－2，－1，0，1，2，3　❻－250円の支出
❼6小さい　❽2と－2　❾(144＝) $2^4 \times 3^2$　❿(450＝) $2 \times 3^2 \times 5^2$

02 正負の数

正負の数の計算方法

計算方法

たし算は数直線上をたす数だけ右へ進むこと，ひき算は数直線上をひく数だけ左へ進むことです．

「ひき算」はすべて，「たし算」に直して考えます．

①同じ符号の２数のたし算，ひき算…ひき算は符号を変えた数をたします．

例

$+3+(+4)=\ +7$
$-3+(-4)=\ -7$

$4-(+3)=4+(-3)=4-3=+1$
$-4-(-3)=-4+(+3)=-4+3=-1$

②異なる符号の２数のたし算，ひき算

例

$+2+(-5)=\ -3$
$-2+(+5)=\ +3$

$2-(-5)=2+(+5)=2+5=+7$
$-2-(+5)=-2+(-5)=-2-5=-7$

③同じ符号の２数のかけ算，わり算…絶対値の積，商に(＋)をつけます．

＋は省略OK

例

$(+3)\times(+4)$
$(-3)\times(-4)$ $\Rightarrow +(3\times4)=+12$

$(+6)\div(+3)=+(6\div3)=+2$
$(-6)\div(-3)=+(6\div3)=+2$

④異なる符号の２数のかけ算，わり算…絶対値の積，商に(－)をつけます．

例

$(+3)\times(-4)$
$(-3)\times(+4)$ $\Rightarrow -(3\times4)=-12$

$(+6)\div(-3)=-(6\div3)=-2$
$(-6)\div(+3)=-(6\div3)=-2$

⑤0とかけ算，わり算…必ず0になります．

$\square\times0=0,\quad 0\times\square=0,\quad 0\div\square=0$

答えの符号をつけ忘れないために，まず答えの符号を考えてから計算しましょう．

これだけは覚えよう！ たし算の答えを「和」，ひき算の答えを「差」，かけ算の答えを「積」，わり算の答えを「商」といいます．

ひき算はたし算に直して考えよう

▶次の計算をしなさい.

❶ $5+(-2)$

❷ $(-7)-3$

❸ $3+(-3)$

❹ $(-5)+6$

❺ $(-3)-(-5)$

❻ $(-7)+(-4)$

❼ $2\times(-3)$

❽ $(-3)\times(-4)$

❾ $(-12)\div4$

❿ $12\div(-3)$

ワンポイントアドバイス

❶$5+(-2)$は「プラスの方向に5人とマイナスの方向に2人」の綱ひきと考えよう.
「どちら」が「どれだけ」勝つでしょうか?
ひき算はたし算に変えて考えましょう.

答え

❶3 ❷−10 ❸0 ❹1 ❺2 ❻−11 ❼−6 ❽12 ❾−3 ❿−4

03 正負の数
正負の数の計算順序

3つ以上の数のたし算，ひき算

$(-3)+(+1)+(-6)-(-4)$　まず，たし算に直してから（　）のない式に直します．
$=-3+1-6+4$　$-(-4)$は$+(+4)$となります．
$=+1+4-3-6$　次に，正の項どうし，負の項どうしで集めます．
$=+5-9=-4$　ここで，正の項の和，負の項の和を求めます．

計算のルール

①交換法則　$a+b=b+a, a\times b=b\times a$
②結合法則　$(a\times b)\times c=a\times(b\times c)$

例 $3+5=5+3$，$3\times5=5\times3$
例 $(3\times4)\times5=3\times(4\times5)$

3つ以上の数のかけ算，わり算の答えの符号

負（－）の数の個数が偶数個のときは（＋），奇数個のときは（－）をつけます．

計算の順序（×÷ → ＋－ の順に計算します．）

①累乗（るいじょう），②かっこの中
③乗除（×，÷），④加減（＋，－），⑤左から右へ
※最初に計算するところに＿＿（アンダーライン）をひくとまちがえにくくなります．

例 $2+(-3)\times4$ ⇒ $2+(-3)\times4$

同じ数をいくつかかけたものを，その数の累乗といい，右肩に小さく書いた数字を指数といいます．

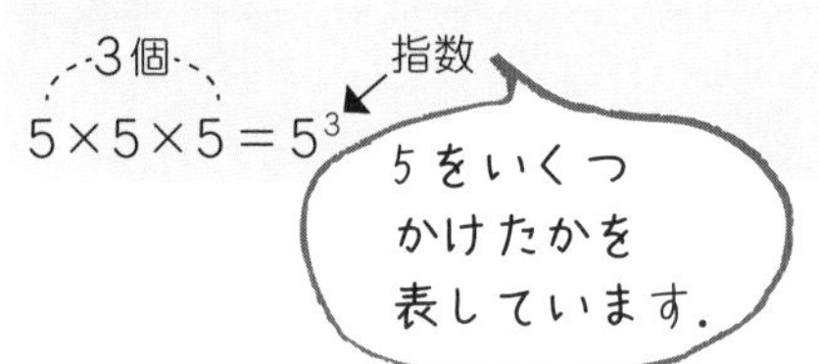

累乗（るいじょう）と指数

$3\times3=3^2$　は3の2乗（平方）と読みます．
$5\times5\times5=5^3$　は5の3乗（立方）と読みます．

例 $m\times m=m^2$（平方メートル）
例 $m\times m\times m=m^3$（立方メートル）

$(-3)^2$　と　-3^2　は別物
$(-3)^2$は，$(-3)\times(-3)$の意味　$(-3)\times(-3)=9$
-3^2は，$-(3\times3)$の意味　$-(3\times3)=-9$

これだけは覚えよう！　負の数を偶数個かけると（＋），奇数個かけると（－）になります．

負の数を偶数個かけると(+)，奇数個かけると(−)

▶次の計算をしなさい．

❶ $2+(-3)-4+5$

❷ $2\times(-3)\times(-4)$

❸ $(-2)\times(-3)\times(-4)$

❹ $\frac{4}{7}\times\frac{1}{4}\times(-21)$

❺ $(-12)\div2^2$

❻ $(-4)^2\times3\div(-2^2)$

❼ $12+(-6)\div(-3)$

❽ $12-6\div(-2)$

❾ $(-3+2)\times(-2)$

❿ $5-(-4)\div2$

ワンポイントアドバイス

❼〜❿は計算順序に注意しましょう．

答え

❶0 ❷24 ❸−24 ❹−3 ❺−3 ❻−12 ❼14 ❽15 ❾2 ❿7

04 文字式
文字式の表し方と決まり

文字式の基本事項，重要事項

①乗法記号(×)および積の1は省略します．

$4\times a=4a$，　$1\times a=a$，$4\times(a+b)=4(a+b)$

$(a+b)\times(x+y)=(a+b)(x+y)$，$0.1\times a=0.1a$　（0.aとは書かない）

文字と数字，数字と(　)，(　)と(　)の間の(×)も省略します．

②文字と数字の積では数字を先に書きます．

$a\times 4=4a$　　例 1辺の長さaの正方形の周の長さなど

$4a$とは，$4\times a$または，$a\times 4$　⇒ $a+a+a+a$という意味です．

③同じ文字の積は指数を使って表します．

$a\times a=a^2$　　 1辺の長さaの正方形の面積など

$a\times a\times a=a^3$　　 1辺の長さaの立方体の体積など

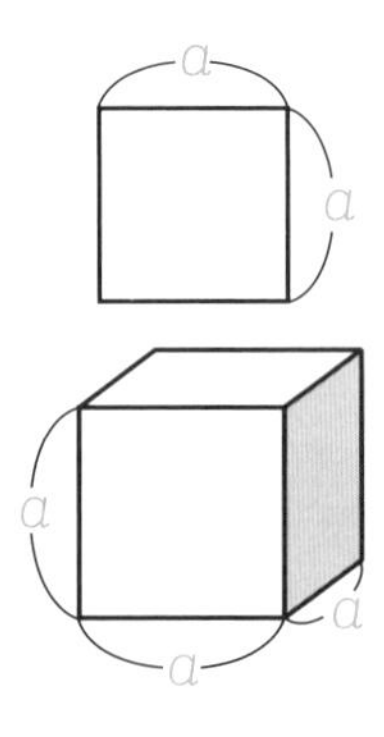

④除法記号(÷)は使わず，分数の形で表します．

$a\div 3=\frac{a}{3}\left(=\frac{1}{3}a\right)$　　$1\div a\div b=\frac{1}{ab}$　(÷の後は分母)．

※ $\frac{x}{y}$ のように分母分子両方に文字がある場合は，$\frac{1}{y}x$とは表しません．

⑤文字はアルファベット順に書きます．

$b\times a\times 4=4ab$　　$2\times r\times\pi=2\pi r$（$\pi$は数字扱い）

⑥(　　)を含む式では(　　)を1つの文字と考えて，最後に書きます．

$(a+b)\times 4\times c=4c(a+b)$

$(a+b)\div 3=(a+b)\times\frac{1}{3}=\frac{a+b}{3}$ または $\frac{1}{3}(a+b)$　（どちらの書き方でもOK!）

×，÷は使わず，＋，－はそのまま残します．

「文字はアルファベット順，数は文字の前，積の1は省く，( )はうしろ」

▶次の式を，×，÷の記号を使わないで表しなさい．

① $b \times c \times a$	
② $-7 \times (a+b)$	
③ $x \times x \times 3 \times y$	
④ $b \div (-4)$	
⑤ $a \times 7 \div b$	
⑥ $x - y \times 3$	
⑦ $a \div b \times c \div d$	
⑧ $a \times a \times 5 \div b \times c$	
⑨ $(x-y) \times 3$	
⑩ aでわると商がbで余りがcになる数xはどのように表されるか．	

ワンポイントアドバイス

×，÷は使わず，＋，－はそのまま残します．

答え

①abc ②$-7(a+b)$ ③$3x^2y$ ④$-\frac{b}{4}$ $\left(-\frac{1}{4}b\right)$ ⑤$\frac{7a}{b}$ ⑥$x-3y$ ⑦$\frac{ac}{bd}$ ⑧$\frac{5a^2c}{b}$
⑨$3(x-y)$ ⑩$x=ab+c$

05 文字式 文字式の計算方法

同類項

同じ文字の部分を同類項といい，1つの項にまとめて簡単にします．

$5a-2-3a+6$ ……… $5a$と$-3a$は同類項です．

$=5a-3a-2+6$

$=(5-3)a+(-2+6)$ …同じ文字どうし，数どうしまとめます．$●x+▲x=(●+▲)x$

$=\quad 2a \quad + \quad 4$

（分配法則の逆）

一次式と数の計算

分配法則を使います．

$3\times(4a+1)=3\times4a+3\times1$

$=12a+3$

$(6a+4)\div2=\dfrac{6a}{2}+\dfrac{4}{2}$

$=3a+2$

$(3x-8)\div4=\dfrac{3x-8}{4}$

$\left(\dfrac{3x}{4}-2\text{でもよい}\right)$

$\dfrac{3x-\cancel{8}^{2}}{\cancel{4}_{1}}$ はまちがい！

分配法則【かけ算】

①$●\times(□+△)=●\times□+●\times△$

②$(□+△)\times●=□\times●+△\times●$

分配法則【わり算】

①$(□+△)\div●=\dfrac{□}{●}+\dfrac{△}{●}$

②$(□+△)\div\dfrac{●}{▲}=(□+△)\times\dfrac{▲}{●}$

豆知識

「十の位の数字がx，一の位の数字がyの2ケタの自然数を式で表せ」

10円硬貨3枚，1円硬貨4枚のお金34円＝⑩×3＋①×4 ですね．

（2けたの自然数）＝10×（十の位の数字）＋1×（一の位の数字）より，

⇒$10\times x+1\times y=10x+y$ となります．

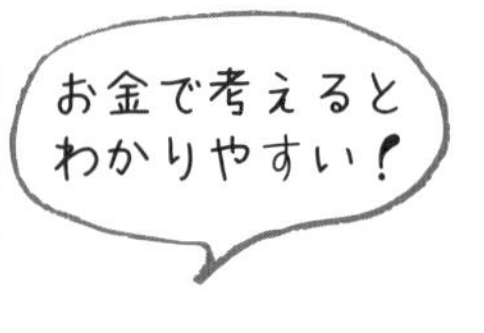

これだけは覚えよう！ 負の数（−）をかけるときは，（　）の中の符号がすべて逆（反対）になります．

「文字は文字，数字は数字でまとめる（類は友を呼ぶ）」

▶次の計算をしなさい．

❶ $-(x-3)+2(-2x+7)$	
❷ $3(x-3)-(-2x-7)$	
❸ $-4(x-1)-2(2x-5)$	
❹ $(4x-8)\div 2$	
❺ $(3x-6)\div \frac{2}{3}$	
❻ $5(x-2)+(-x+3)$	
❼ $(3a-1)-(a-4)$	
❽ $(2a+3)-\left(3-\frac{1}{2}a\right)$	
❾ $5(x-2)-(-x+3)$	
❿ 十の位の数字がx，一の位の数字が5の数をxを使った式で表しなさい．	

ワンポイントアドバイス

❶，❷，❸，❼，❽，❾のように，カッコの前の符号が（−）のときは符号ミスに要注意，（　）の中の符号がすべて逆になります．

答え

❶$-5x+17$　❷$5x-2$　❸$-8x+14$　❹$2x-4$　❺$\frac{9}{2}x-9$　❻$4x-7$　❼$2a+3$　❽$\frac{5}{2}a$
❾$6x-13$　❿$10x+5$

06 文字式
文字式の計算順序

かけ算，わり算の入り混じった計算順序

①累乗の計算があれば，まず先に計算します．

②わり算をかけ算に直して計算します．（逆数をかけます）

$$a \div b \times c \div d = a \times \frac{1}{b} \times c \times \frac{1}{d} = \frac{ac}{bd}$$

÷のうしろ(わる数)は分母になります．

かけ合わせる前にこまめに約分すると計算間違いが少なくなります．

×÷が混じっているときの計算ルール

わり算の部分は，分母にして計算します．

$$\square \div \blacktriangle \times \bigcirc = \frac{\square \times \bigcirc}{\blacktriangle} \qquad \square \div \blacktriangle \div \bullet = \frac{\square}{\blacktriangle \times \bullet}$$

例 $12 \div 3 \div 4 \times 9$

$$= \frac{\overset{3}{\cancel{12}} \times \overset{3}{\cancel{9}}}{\underset{1}{\cancel{3}} \times \underset{1}{\cancel{4}}} = 9$$

※ $\frac{108}{12} = 9$ とするより

絶対楽！

多項式と数のわり算

①各項を数でわり，分数の形にしてから，約分します．

$$(12a - 8) \div 4 = \frac{\overset{3}{\cancel{12}}a}{\underset{1}{\cancel{4}}} - \frac{\overset{2}{\cancel{8}}}{\underset{1}{\cancel{4}}} = 3a - 2$$

②分数を含む計算は，わる数の逆数をかけます．

$$(6a + 4b) \div \left(-\frac{2}{3}\right) = (6a + 4b) \times \left(-\frac{3}{2}\right)$$

$$= 6a \times \left(-\frac{3}{2}\right) + 4b \times \left(-\frac{3}{2}\right) = -9a - 6b$$

分子が式の分数の計算

分子が式の場合には，分子に(　)をつけて計算します．

$$\frac{3x - 2}{2} \times 6 = \frac{(3x - 2) \times \overset{3}{\cancel{6}}}{\underset{1}{\cancel{2}}} = (3x - 2) \times 3 = 9x - 6$$

これだけは覚えよう！ 分子が式のときは，かくれ(　)があると考えて，計算すると間違いが少なくなります．

ヒント!

大きな分数にすると計算が楽!

▶次の計算をしなさい.

❶ $3x\times 6$	
❷ $(-4)\times 2x$	
❸ $(-6x)\times(-2)$	
❹ $6x\times 3\times(-0.5)$	
❺ $3a\div(-0.6)\times 2$	
❻ $(-49x)\div 14\times 8$	
❼ $\dfrac{3x-2}{2}\times 8$	
❽ $4\left(\dfrac{3}{2}x-1\right)$	
❾ $6\left(\dfrac{1}{3}x+\dfrac{2}{3}\right)$	
❿ $\dfrac{1}{5}(10x-15)$	

ワンポイントアドバイス

「次の計算をしなさい」とは「次の式を簡単にしなさい」という意味です.

答え

❶$18x$ ❷$-8x$ ❸$12x$ ❹$-9x$ ❺$-10a$ ❻$-28x$ ❼$12x-8$ ❽$6x-4$ ❾$2x+4$ ❿$2x-3$

文字式

07 等式と不等式

等式と不等式

等式·不等式とは2つの数量の間の関係を，等号(=)，不等号(<，>，≦，≧)を使って表した式です．

〜より大きいときは>，〜より小さいとき，未満は<と表します．

$2<3$ 　大きい数字を右に書く⇔数直線と同じ

$x>3$ 　文字は左に書く

xは4以上 ⇒ $x \geqq 4$ 　　　yは2以下 ⇒ $y \leqq 2$

$4 \leqq x$でもまちがいではありませんが，一般的には文字を左辺に書きます．

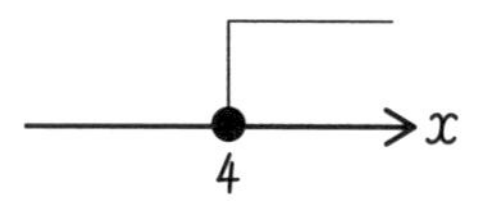

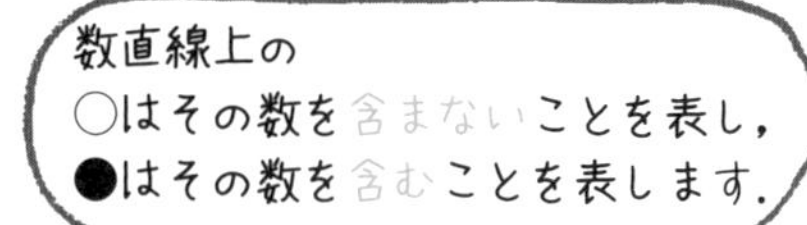

文字と等号を用いた表し方

文章を等式に表すときは，2つのことがらをそれぞれ式に表してから等号をつけます．

例 ある数xに8をたすと，もとの数xの2倍になる．

$x+8=2x$

文字と不等号を用いた表し方

文章を不等式に表すときは，等式同様，2つのことがらを式に表してから不等号をつけます．

例 ある数xに8をたすと，もとの数xの2倍よりも小さい．

$x+8<2x$

例 100gの箱に1個70gの品物をx個入れると重さは1kg以上になった．

$70x+100 \geqq 1000$ 　($100+70x \geqq 1000$でもOK)

単位をそろえてから，不等号で表します．

※$70x+100 \geqq 1$ 　としないこと．1kg = 1000g

これだけは覚えよう！ 〜より大きいとき，〜より小さいとき，未満の不等号は<，>
〜以上，〜以下の不等号は≦，≧を使います．

その数を含むのは「以上，以下，から，まで」

▶次の問題に答えなさい．

1 次の数の大小を，不等号を使って表しなさい．
5，7

2 次の数の大小を，不等号を使って表しなさい．
3，−8

3 次の関係を，不等号を使って表しなさい．
xは−4より大きい．

4 次の関係を，不等号を使って表しなさい．
aは6以下である．

5 次の関係を，不等号を使って表しなさい．
（数直線：−2に白丸，右向きの矢印 x）

6 $x<-1$を数直線上に表しなさい．

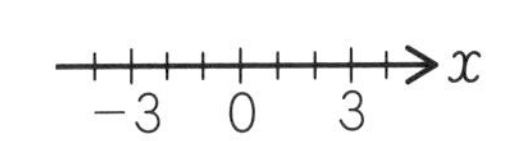

7 次の関係を，等式で表しなさい．
xを2倍して3をたした数は7になる．

8 次の関係を，不等式で表しなさい．
1本x円のペン3本と1冊420円の本を買ったら600円では足りなかった．

9 次の関係を，不等式で表しなさい．
aとbの積は48以上である．

10 次の関係を，不等式で表しなさい．
aをbでわると−2より大きい．

ワンポイントアドバイス

その数を含むのは　　：〜以上，〜以下，〜から，〜まで
その数を含まないのは：〜より大きい（小さい），〜未満，〜超

その数を含むのか含まないのかしっかり見極めよう!

答え

❶ $5<7$　❷ $-8<3$　❸ $x>-4$　❹ $a\leqq 6$　❺ $x>-2$　❻

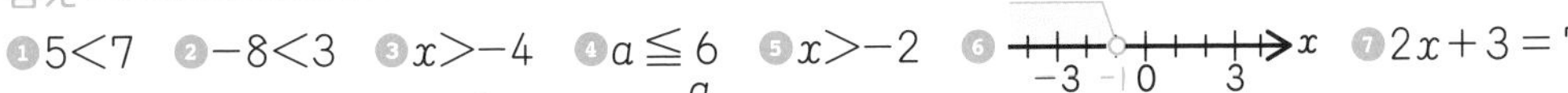

❼ $2x+3=7$
❽ $3x+420>600$　❾ $ab\geqq 48$　❿ $\frac{a}{b}>-2$

08 一次方程式 等式の性質と方程式の解き方

等式の性質

例 $A=B$のとき　⇒　$2+3=5$を使って表すと

①等式の両辺に同じ数をたしても，等式は成り立つ．

$A+C=B+C$　　$2+3+4=5+4$

②等式の両辺から同じ数をひいても，等式は成り立つ．

$A-C=B-C$　　$2+3-4=5-4$

③等式の両辺に同じ数をかけても，等式は成り立つ．

$A\times C=B\times C$　　$(2+3)\times 4=5\times 4$

④等式の両辺をゼロでない同じ数でわっても，等式は成り立つ．

$A\div C=B\div C$　　$(2+3)\div 4=5\div 4$

⑤等式の両辺を左右入れかえても，等式は成り立つ．

$B=A$　　$5=2+3$

基本的な方程式の解き方

$2x=5x-12$　　文字を含む項は左辺，数の項は右辺に集めます．

$2x-5x=5x-12-5x$ ……　両辺から$5x$をひく

$2x-5x=-12$

$-3x=-12$ ………………　左辺が－になるときは，両辺に－1をかける

$3x=12$

$x=4$

－の符号を＋に変えてから計算するとミスが少なくなります．

※文字や数を符号を変えて，反対側の辺（左辺 ⇔ 右辺）に移すことを移項といいます．

これだけは覚えよう！ 等式の性質は5つとも覚えておこう．特に⑤は覚えておくと便利！

等式の性質①～⑤を使って式を簡単にしよう

▶次の方程式を解きなさい.

❶ $x-2=3$	
❷ $x+3=7$	
❸ $\frac{1}{3}x=12$	
❹ $15=\frac{1}{3}x$	
❺ $8x-1=5x+8$	
❻ $-2(x-2)=3x-1$	
❼ $-(x-10)=2(3x-2)$	
❽ $5=2x-1$	
❾ $3x-(7x+2)=2$	
❿ $600x+3000=-1200$	

ワンポイントアドバイス

❸, ❹は両辺に3をかけます. ❻, ❼, ❾はまずカッコをはずします. はずすときはカッコの前の符号に注意しましょう.

答え

❶ $x=5$ ❷ $x=4$ ❸ $x=36$ ❹ $x=45$ ❺ $x=3$ ❻ $x=1$ ❼ $x=2$ ❽ $x=3$ ❾ $x=-1$ ❿ $x=-7$

09 一次方程式 いろいろな方程式の解き方と比例式

いろいろな方程式の解き方

等式の性質①～⑤を使って式を変形して解きます.

$5x-(2x+1)=5$
$5x-2x-1=5$
$3x=6 \quad x=2$

(　　)のある方程式は,
分配法則を使って, まず(　　)をはずします.

$90x+60x=300$
$9x+6x=30 \quad 15x=30 \quad x=2$

桁数の多い方程式は,
両辺を10(の倍数)でわります.

$\overset{\times 10}{0.4x}\ \overset{\times 10}{-1} = \overset{\times 10}{-0.2}$
$4x-10=-2$
$4x=8 \quad x=2$

小数と整数の入り混じった方程式は,
両辺に10をかけ, 整数だけの式にします.

$\dfrac{x-6}{3}=-\dfrac{3x-5}{4}$
$\dfrac{x-6}{3}\times 12=-\dfrac{3x-5}{4}\times 12$
$4(x-6)=-3(3x-5)$
$4x-24=-9x+15 \quad 13x=39 \quad x=3$

両辺に分数がある方程式は,
両辺に分母の最小公倍数(この場合12)
をかけ, 整数だけの式にします.

比例式

2つの比$a:b$と$c:d$が等しいことを表す式$a:b=c:d$を比例式といいます.
このときb, cのように比例式の内側の項を内項, a, dのように外側の項を外項といい,
「比例式の外項の積は内項の積に等しい($ad=bc$)」関係が成り立ちます.

例 $\overset{外}{x}:\overset{内}{6}=\overset{内}{2}:\overset{外}{4} \quad 4x=12$
$x=3$

解きやすい簡単な形に変えてから解きます.

整数だけの式に直して解く

▶次の方程式や比例式を解きなさい.

❶ $20x-(10x-60)=30$

❷ $\dfrac{2x-1}{3}=-\dfrac{x-6}{4}$

❸ $0.3x=0.5x-12$

❹ $0.2(x-3)=-x+3$

❺ $0.2x+6.3=0.3-x$

❻ $\dfrac{1}{2}x-\dfrac{1}{3}x=\dfrac{1}{4}$

❼ $0.2x-0.2=0.3x+0.1$

❽ $8:24=3:x$

❾ $x:4=21:6$

❿ $8:(3+x)=2:5$

ワンポイントアドバイス

❷, ❻は分母の最小公倍数をかけて, ❸, ❹, ❺, ❼は10を両辺にかけて整数だけの式にします. ❹は$0.2(x-3)$で一つの項なので, ( )の中には10をかけません.

答え

❶$x=-3$ ❷$x=2$ ❸$x=60$ ❹$x=3$ ❺$x=-5$ ❻$x=\dfrac{3}{2}$ ❼$x=-3$ ❽$x=9$ ❾$x=14$ ❿$x=17$

10 文章題 道のり・速さ・時間と食塩水の問題

道のり・速さ・時間の問題の考え方

道のりは，速さ×時間　⇒　同じ速さで２倍の時間なら，２倍の道のり
速さは，道のり÷時間　⇒　同じ道のりを半分の時間なら，２倍の速さ
時間は，道のり÷速さ　⇒　同じ道のりを半分の速さなら，２倍の時間

単位の換算

単位が小さくなる　⇒数が大きくなる　(時間⇒分，分⇒秒は60をかける)
単位が大きくなる　⇒数が小さくなる　(秒⇒分，分⇒時間は60でわる)

例題　1kmの道のりを分速80mで8分歩いた後，分速120mで走った．何分走ったか．

解き方の順序　x分走ったとする

① 単位をそろえる　1km⇒　1000m

② (歩いた道のり)　80×8
(走った道のり)　＋120x
(全体の道のり)　＝1000
$x=3$　⇒　3分

サザンクロス	歩き	走り	合計
全体量	640	120x	1000
速さ	80	120	—
時間	8	x	8+x

食塩水の問題の考え方

(食塩水全体の量)と(含まれる食塩の量)に着目します．

例題　7％の食塩水200gに4％の食塩水100gを混ぜると何％になるか．

解き方の順序　x%になるとする

① 全体の量を調べる(g)
200＋100＝300

② 含まれる食塩の量に着目(g)
$200\times0.07+100\times0.04=300\times0.01x$
$18=3x$　⇒　$x=6$　⇒　6%

サザンクロス	7%	4%	x%
全体量	200	100	300
濃度	0.07	0.04	0.01x
食塩	14	4	18

これだけは覚えよう！

文章題は「サザンクロス（縦３本，横３本の表）」に当てはめて考えよう．
濃度を分数で表す場合，分母は100のままで計算する．

「文章題５つの鉄則①文章題は図示して考えよ　②何をxやyにしたのか明示せよ　③何を聞かれているのか問題を再確認せよ　④単位に注意⑤確かめ算【検算】」

▶次の問題に答えなさい.

❶	12kmの道のりを時速4kmで進むと何時間かかるか.
❷	3kmを30分で進んだときの時速は何kmか.
❸	1200mある学校まで，毎分80mで7分歩いた後，残りを走った. 走ったのは何mか.
❹	2kmの道のりを毎分120mで5分間走り，残りを歩いた. 歩いたのは何mか.
❺	家から学校まで分速120mで7分走った後，分速80mで5分歩いたら学校に着いた. 家から学校まで何mあるか.
❻	6%の食塩水200gに溶けている食塩の量は何gか.
❼	7%の食塩水xgに溶けている食塩の量は何gか.
❽	3%の食塩水200gと5%の食塩水xgを混ぜると計何gの食塩水ができるか. xを使った式で表せ.
❾	4%の食塩水300gに8%の食塩水100gを混ぜると何%の食塩水になるか.
❿	8%の食塩水50gに5%の食塩水100gを混ぜると何%の食塩水になるか.

ワンポイントアドバイス

❸❹❺　(歩いた道のり)＋(走った道のり)＝(全体の道のり)

❻～❿　食塩水の問題は(食塩水全体の量)と(含まれる食塩の量)に着目

答え

❶3時間　❷時速6km　❸640m　❹1400m　❺1240m　❻12g
❼$0.07x$(g)　❽$200+x$(g)　❾5%　❿6%

11 比例と反比例
比例と比例定数

比例と比例定数

新ちゃんはりんごを買いに行きました．りんごは1個50円です．x個買ったときの代金をy円として，xとyの関係を式に表すと，$y=50x$　となります．このようにxの値が2倍，3倍になると，yの値も2倍，3倍になる関係を，yはxに比例するといいます．このときの50を比例定数といい，変数x，yに影響されない定数です．

比例　⇔　$y=ax(a\fallingdotseq 0)$，比例定数(a)　$a=\frac{y}{x}$

変域

買い物に300円持って行った場合，使えるお金は，0円から300円の範囲になります．この個数(x)や代金(y)の取ることのできる範囲を変域といい，次のように表します．

$0 \leqq x \leqq 6$　，　$0 \leqq y \leqq 300$

その数を含む場合は　<　と　=(イコール)を含めて　≦　と表しますが，
その数を含まない場合は，イコールを付けずに　<　のように表します．

反比例

いろんな形の長方形を作るのに面積が24cm²と決まっている場合，縦の長さxが決まれば横の長さyが決まりますね．縦と横の関係は

$xy=24$より，$y=\frac{24}{x}$

となります．このようにxの値が2倍，3倍になると，yの値が$\frac{1}{2}$倍，$\frac{1}{3}$倍になる関係をyはxに反比例するといいます．このときの24を比例定数といい，変数x，yの値に影響されない定数です．

反比例　⇔　$y=\frac{a}{x}$　$(a\fallingdotseq 0)$　比例定数(a)　$a=xy$

【比例定数aの求め方】
比例は$a=\frac{y}{x}$，反比例は$a=xy$

反比例の比例定数は　$a = xy$

▶次の関係について，yをxの式で表しなさい．

1	1本30円の鉛筆をx本買ったら代金がy円となった．	
2	1本x円の鉛筆を5本買ったら代金がy円であった．	
3	底辺が6cm，高さが$x$cmの三角形の面積が$y$cm²である．	
4	底辺が$x$cm，高さが4cmの三角形の面積が$y$cm²である．	
5	縦4cm，横$x$cmの長方形の面積が$y$cm²である．	
6	縦$x$cm，横$y$cmの長方形の面積が24cm²である．	
7	yがxに比例し，$x = 3$のとき，$y = 15$である．	
8	yがxに比例し，$x = 5$のとき，$y = -45$である．	
9	yがxに反比例し，$x = 5$のとき，$y = 6$である．	
10	yがxに反比例し，$y = 5$のとき，$x = -9$である．	

ワンポイントアドバイス

7～10は，比例定数はいくつになるか？　を考えます．比例定数は変数x，yに影響されない定数なので，何が変わらないのかをよく見極めましょう．

答え

1 $y = 30x$　2 $y = 5x$　3 $y = 3x$　4 $y = 2x$　5 $y = 4x$　6 $y = \frac{24}{x}$　7 $y = 5x$　8 $y = -9x$　9 $y = \frac{30}{x}$　10 $y = -\frac{45}{x}$

12 比例
比例は原点を通る直線

座標はグラフ上の住所

数直線は横（左右）に広がる直線でしたね．グラフの場合はこれをx軸といいます．
x軸に「0」のところで垂直に交わる縦（上下）に広がる数直線をあわせて考えます．
縦の数直線をy軸，x軸とy軸の交点を原点といい，「O（オー）」と表します．
原点から左右に離れている距離をx座標，上下に離れている距離をy座標といいます．
x座標とy座標が決まれば１点が決まりますね．それをその点の座標といいます．
家や建物に住所があるように座標はグラフ上の住所と考えましょう．

点の移動

左右はx座標　右へ（→）はプラス（＋），左へ（←）はマイナス（－），
上下はy座標　上へ（↑）はプラス（＋），下へ（↓）はマイナス（－）になります．

比例のグラフ

比例$y=ax$のグラフは原点を通る直線になります．
この直線が原点以外の点（●，▲）を通る場合，

比例定数aは$\frac{y座標}{x座標}$なので，

x座標が●，y座標が▲の場合，

$a=\frac{▲}{●}$となります．

分数は最も簡単な形まで約分します．

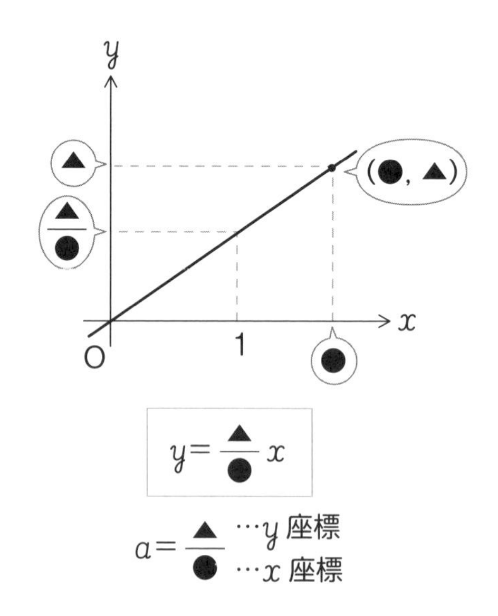

例　原点と点（2，4）を通る直線の式は，

$$y=\frac{4}{2}x \Rightarrow y=2x$$

※反比例のグラフは双曲線になります．

これだけは覚えよう！　原点と点（●，▲）を通る直線の式は　$y=\frac{▲}{●}x$

右へ上へはプラス，左へ下へはマイナス

▶次の問題に答えなさい．

1	原点(0，0)と点(1，3)を通る直線の式を求めなさい．	
2	原点(0，0)と点(2，4)を通る直線の式を求めなさい．	
3	点(−2，3)と原点(0，0)を通る直線の式を求めなさい．	
4	原点(0，0)と点(1，−3)を通る直線の式を求めなさい．	
5	原点(0，0)と点(−1，−3)を通る直線の式を求めなさい．	
6	点(3，−3)と原点(0，0)を通る直線の式を求めなさい．	
7	点(3，4)から，右へ1，下に3，移動した点の座標を求めなさい．	
8	点(1，1)から，左へ2，下に3，移動した点の座標を求めなさい．	
9	直線$y=-\frac{3}{2}x$が原点以外に通る点の座標を一つ挙げなさい(x座標，y座標とも整数)．	
10	点(3，b)は直線$y=3x$上の点である．bの値を求めなさい．	

ワンポイントアドバイス

❶～❻の原点と点(●，▲)を通る直線の式は$y=\frac{▲}{●}x$を使います．

答え

❶$y=3x$　❷$y=2x$　❸$y=-\frac{3}{2}x$　❹$y=-3x$　❺$y=3x$　❻$y=-x$　❼(4，1)　❽(−1，−2)　❾(2，−3)など　❿$b=9$

13 平面図形 四角形や円の面積と周りの長さ

図形問題を解くポイント

正方形　(縦)＝(横)なので，1辺＝aとすると面積(S)⇒$a\times a=a^2$より，$S=a^2$，
周りの長さ(ℓ)⇒$a+a+a+a=4a$より，$\ell=4a$

長方形　面積(S)＝縦(a)×横(b)より　$S=ab$，周りの長さ(ℓ)⇒　$\ell=2(a+b)$
※長方形では縦，横，面積，周りの長さのうち，いずれか2つがわかれば，
他の2つを求めることができます．

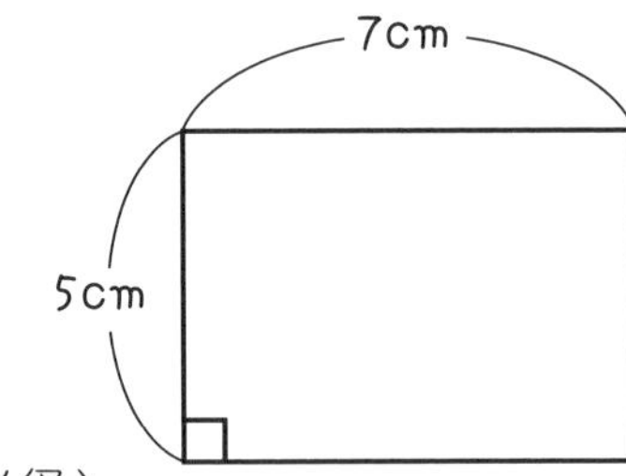

例　右の長方形の面積を求めましょう．
面積:$5\times7=35$(cm^2)

例　右の長方形の周りの長さを求めましょう．
周りの長さ:$2\times(5+7)=24$(cm)

円
面積(S)＝半径×半径×円周率，つまり，$S=\pi r^2$　(r:半径)
円周(ℓ)＝直径×円周率＝2×半径×円周率，つまり，$\ell=2\pi r$　と表せます．

①半径がわかっている場合，上の公式に当てはめ，円周，面積を求めます．

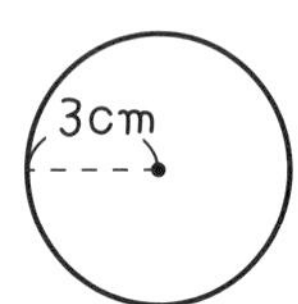

例　右の円の円周と面積を求めましょう．
円周＝　$2\pi\times3=$　6π (cm)
面積＝　$\pi\times3^2=$　9π (cm^2)

②円周がわかっている場合，円周を2πでわれば半径が求められます．
$6\pi\div2\pi=$　3(cm)・・・半径

③面積がわかっている場合，面積をπでわり，どんな数の2乗に
なっているかを考えて，半径を求めます．
$9\pi\div\pi=$　9
9は3^2　なので，半径3cm

答え　3cm

円は半径，面積，円周のうちの何か1つがわかれば残りの2つがわかる．

円の面積$S=\pi r^2$, 円周$\ell=2\pi r$(rは半径)

▶次の表の空欄を埋めなさい.

	名称	縦(a)	横(b)	面積(S)	周りの長さ(ℓ)
❶	正方形	7cm	7cm		
❷	長方形	5cm	6cm		
❸	正方形			25cm^2	
❹	長方形		8cm		30cm
❺	長方形	7cm		42cm^2	
❻	正方形	6cm	6cm		

	名称	半径(r)	直径($2r$)	面積(S)	円周(ℓ)
❼	円		8cm		
❽	円		14cm		
❾	円			25πcm^2	
❿	円				6πcm

ワンポイントアドバイス

❼～❿はまず,半径を求めてから残りを求めましょう.

答え

(左から順に)❶49cm^2, 28cm ❷30cm^2, 22cm ❸5cm, 5cm, 20cm ❹7cm, 56cm^2 ❺6cm, 26cm ❻36cm^2, 24cm ❼4cm, 16πcm^2, 8πcm ❽7cm, 49πcm^2, 14πcm ❾5cm, 10cm, 10πcm ❿3cm, 6cm, 9πcm^2

14 平面図形 おうぎ形の面積と弧の長さ

おうぎ形

前項で円の面積と円周の長さを求める練習をしました．
全円（円全体）の中心角が360°に対して，
中心角a°のおうぎ形を考えます．

おうぎ形では，面積も弧の長さも $\frac{a}{360}$ をかけると求められます．

面積（S）$= \pi r^2 \times \frac{a}{360}$　弧の長さ（ℓ）$= 2\pi r \times \frac{a}{360}$　となります．

中心角a°，弧の長さℓ，半径r，面積Sのいずれか2つがわかっていれば使えます．

例 中心角60°と弧の長さ6πのとき，半径と面積を求めましょう．

半径は，$\ell = 6\pi$，$a = 60$を

$\ell = 2\pi r \times \frac{a}{360}$に代入して

$6\pi = 2\pi r \times \frac{60}{360}$より

$r = 18$

面積は，$r = 18$，$a = 60$だから

$S = \pi r^2 \times \frac{a}{360}$

$= \pi \times 18^2 \times \frac{60}{360}$より

$S = 54\pi$

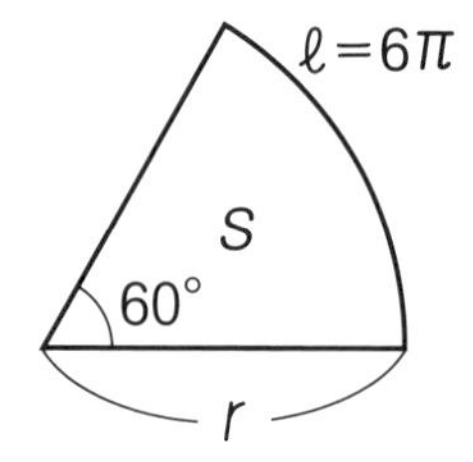

例 面積6π，半径6のとき，中心角と弧の長さを求めましょう．

中心角は，$S = 6\pi$，$r = 6$だから

$S = \pi r^2 \times \frac{a}{360}$

$6\pi = 36\pi \times \frac{a}{360}$より

$a = 60$

弧の長さは，$r = 6$，$a = 60$だから

$\ell = 2\pi r \times \frac{a}{360}$

$= 12\pi \times \frac{60}{360}$より

$\ell = 2\pi$

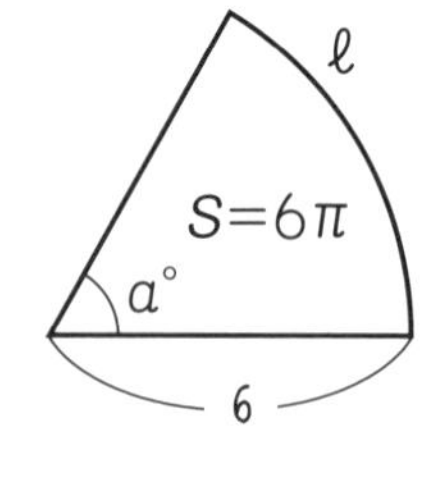

中心角が360°に対してどのような割合になるか分数で表して考えます．

$\frac{60}{360} = \frac{1}{6}$

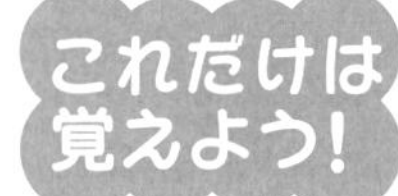

中心角a°のおうぎ形は，全円（円全体）に対して $\frac{a}{360}$ の関係にある．

おうぎ形の面積$S=\pi r^2 \times \frac{a}{360}$（$r$は半径，$a$は中心角）

▶おうぎ形について，次の表の空欄を埋めなさい．

	半径 (r)	中心角 (a)	分数	面積 (S)	弧の長さ (ℓ)
❶	2cm	90°	$\frac{1}{4}$		
❷	4cm	135°	$\frac{3}{8}$		
❸	3cm				2πcm
❹	4cm				πcm
❺	9cm			54πcm^2	
❻	3cm			3πcm^2	
❼	5cm	144°	$\frac{2}{5}$		
❽		300°	$\frac{5}{6}$		10πcm
❾		225°	$\frac{5}{8}$	10πcm^2	
❿		90°	$\frac{1}{4}$	16πcm^2	

ワンポイントアドバイス

❸～❻は中心角はわかっていませんが，全体に対してどれくらいの割合になっているかを考え$\frac{a}{360}$を求めます．その後，面積や弧の長さを求めます．

答え

（左から順に）❶πcm^2，πcm　❷$6\pi$cm^2，3πcm　❸120°，$\frac{1}{3}$，3πcm^2
❹45°，$\frac{1}{8}$，2πcm^2　❺240°，$\frac{2}{3}$，12πcm　❻120°，$\frac{1}{3}$，2πcm
❼$10\pi$cm^2，4πcm　❽6cm，30πcm^2　❾4cm，5πcm　❿8cm，4πcm

15 空間図形 柱体・錐(すい)体の体積と表面積

立方体（サイコロ形）

1辺をaとすると，体積(V)は$V=a^3$，
表面積(S)は正方形が六面あるので，$S=6a^2$

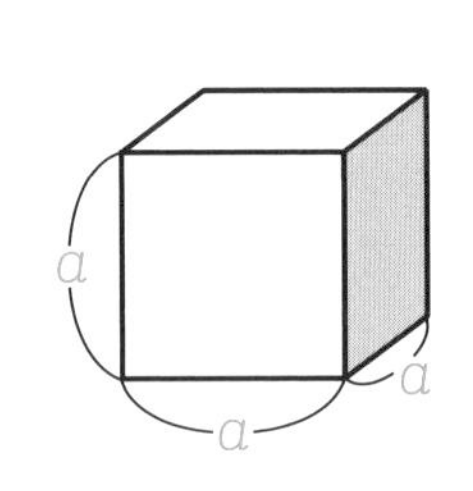

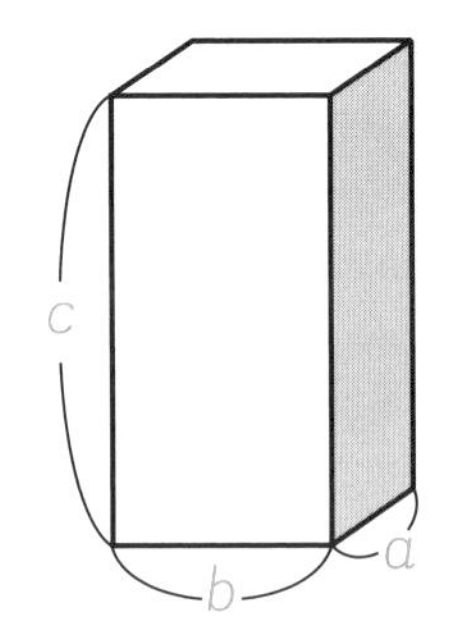

直方体（四角柱）

縦をa，横をb，高さをcとすると，体積(V)は$V=abc$，
表面積(S)は同じ面がそれぞれ2つずつあるので，$S=2(ab+bc+ca)$
柱体の体積(V)はどんな形であれ，V=底面積(S)×高さ(h)となります．

直方体の問題は，新しい消しゴムで考えるとイメージしやすいので，テストには予備の消しゴムとして必ず新しい消しゴムを持っていきましょう．

※正多面体はP041 19参照

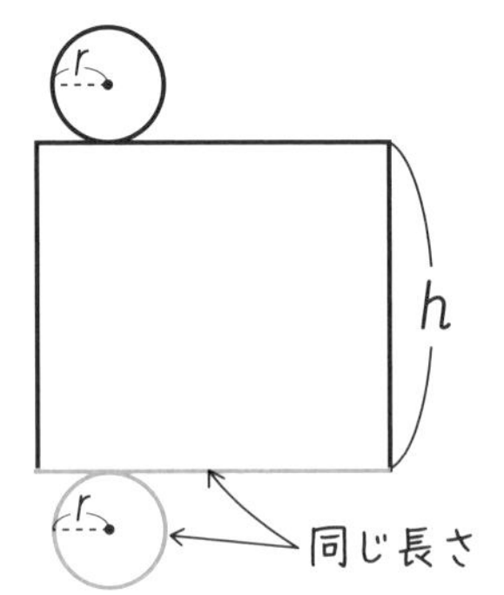

円柱

円柱の底面の半径がrのとき，底面積はπr^2，高さをhとすると体積Vは$V=\pi r^2 h$，
(表面積)＝(側面積)＋(上底面積)＋(下底面積)より，
側面積は，$2\pi r \times h = 2\pi rh$
上底面積＝下底面積＝πr^2　より，$S=2\pi rh+2\pi r^2$

錐体

底面がどんな形（三角形などの多角形，円）であれ，$V=\frac{1}{3}Sh$となります．
表面積は，(表面積)＝(側面積)＋(底面積)
円錐の側面積はπRrで求められます．（Rは母線といいます）

錐は音読みで「スイ」と読み，訓読みで「きり」と読みます．

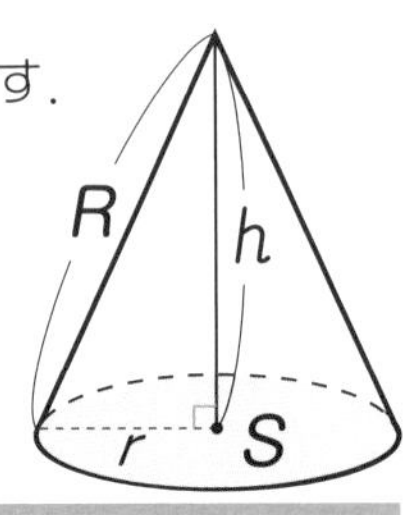

これだけは覚えよう！ 円錐の側面積（おうぎ形）は，πRr（円周率×母線×半径）

錐体では，（表面積）＝（側面積）＋（底面積）

▶次の表の空欄を埋めなさい.

	名称	縦 (a)	横 (b)	高さ (h)	表面積 (S)	体積 (V)
1	立方体	4cm	4cm	4cm		
2	立方体	6cm	6cm	6cm		
3	直方体	3cm	4cm	5cm		
4	直方体	4cm	5cm	6cm		
5	四角錐	5cm	3cm	7cm	※三平方の定理で求められます	
6	四角錐	6cm	6cm	7cm	※三平方の定理で求められます	
	名称	底面の半径 (r)	母線の長さ (R)	高さ (h)	表面積 (S)	体積 (V)
7	円柱	6cm	−	8cm		
8	円柱	5cm	−	12cm		
9	円錐	4cm	5cm	3cm		
10	円錐	6cm	10cm	8cm		

※三平方の定理は中学3年で学習します.

ワンポイントアドバイス

7，8は$2\pi rh$，9，10はπRrで側面積を求めます.

答え

(左から順に) 1 96cm²，64cm³　2 216cm²，216cm³　3 94cm²，60cm³
4 148cm²，120cm³　5 35cm³　6 84cm³　7 168πcm²，288πcm³
8 170πcm²，300πcm³　9 36πcm²，16πcm³　10 96πcm²，96πcm³

16 データの活用
ヒストグラムと相対度数

度数分布表

次の表はあるクラスの生徒40名について，通学時間を表にまとめたものです．
このような表を度数分布表といい，データの活用に欠かせないものです．
この資料を棒グラフで示したものをヒストグラム（柱状グラフ）といいます．

階級（分）【階級の幅は10分】■	階級値（分）■の真ん中の値	度数（人）【階級に入るデータの数】	相対度数※ ★	累積度数（人）	累積相対度数 ★を階級毎に累積したもの
5以上～15未満	10	2	0.05	2	0.05
15　～25	20	16	0.40	18	0.45
25　～35	30	14	0.35	32	0.80
35　～45	40	8	0.20	40	1.00
計	—	40	1.00	—	—

階級：資料を整理したときの一つ一つの区間，階級の真ん中の値を階級値といいます．
度数：各階級に入る資料の個数．

相対度数

：各階級の全体に対する割合のこと．その階級の現れる確率と考えられます．

相対度数は，各階級の度数を度数の合計でわって求めます．

$$※相対度数=\frac{各階級の度数}{度数の合計}=\frac{2}{40}=0.05（通常小数第2位まで）$$

累積度数：階級順に並んだ度数を累積したもの．
累積相対度数：階級順に並んだ相対度数を累積したもの．最下段（合計）は1になります．

代表値

：そのデータを代表する値で，平均値，中央値，最頻値（さいひんち）などがあります．

平均値：（階級値）×（度数）の総合計を，度数の合計でわったもの．

$$平均値=\frac{（階級値）×（度数）の合計}{度数の合計}$$

中央値：資料を大きさの順に並べたとき，その中央の値をいいます．
最頻値（さいひんち）：データの値の中で最も多く度数が現れる値をいいます．

これだけは覚えよう！ 相対度数は，各階級の度数を度数の合計でわったもの通常小数で表します．

ヒント!

「度数分布表から中央値や最頻値など，多くの値がわかります」

▶次の問題に答えなさい.
❶～❺は左ページの度数分布表について答えなさい.

	問題	
1	最頻値（さいひんち）はどの階級に属しているか答えなさい.	
2	中央値の属する階級値を答えなさい.	
3	(階級値) × (度数) の総合計を求めなさい.	
4	度数の合計はいくつになるか.	
5	平均値を小数第１位まで求めなさい.	
6	データの値の中で，最も多く現れる値を何というか.	
7	度数分布表で，最初の階級から，ある階級までの相対度数の合計を何というか.	
8	最大値から最小値を差しひいたものを何というか.	
9	あるグループ１０人の数学の点数は次の通りであった. 35　47　89　45　76　56　68　90　69　72 最小値，最大値，範囲を答えなさい.	
10	❾の問題で，グループの平均点を答えなさい.	

ワンポイントアドバイス

❷ 度数の合計が４０と偶数の場合，(４０÷２＝)２０人目と２１人目の平均値

❸ １０×２＋２０×１６＋３０×１４＋４０×８で求めます.

❿ (３５＋４７＋８９＋４５＋７６＋５６＋６８＋９０＋６９＋７２)÷１０

答え

❶１５分以上２５分未満の階級　❷３０分　❸１０８０　❹４０　❺２７.０分　❻最頻値（さいひんち）

❼累積相対度数　❽範囲　❾最小値３５点，最大値９０点，範囲５５点　❿６４.７点

これだけマスター 中学1年

1 まとめ
整数には正の整数，0（ゼロ），負の整数の3種類あります．
自然数とは正の整数のこと，0は含まれません．
絶対値は数直線上で原点0からの距離，＋，－の符号を取った数のこと．

2 まとめ
素数とはその数自身と1でしかわれない自然数のこと．2は唯一の偶数の素数．
素因数分解は素数だけの積の形に表すこと．
例 $24=2\times2\times2\times3=\underline{2^3\times3}$

3 まとめ
数の大小は，数直線上に書いて比べるとわかりやすい．
数直線上では左に行くほど小さく，右に行くほど大きくなります．

4 まとめ
計算の順序
ⅰ）累乗，ⅱ）かっこの中，ⅲ）乗除（×，÷），ⅳ）加減（＋，－），ⅴ）左から右へ

5 まとめ
$(-3)^2$ と -3^2 は別物
$(-3)^2=(-3)\times(-3)=9$，　$-3^2=-(3\times3)=-9$

6 まとめ
文字式の表し方
ⅰ）乗法記号（×）および「1」は省略します．
ⅱ）文字と数字の積では数字を先に書きます（πは数字の後，文字の前）．
ⅲ）同じ文字の積は指数を使って書きます．
ⅳ）除法記号（÷）は使わず，分数の形で表します．
ⅴ）文字はアルファベット順に書きます．
ⅵ）かっこを含む式では（　　）を1つの文字と考えて，最後に書きます．

7 まとめ
等式の性質
$A=B$ のとき
Ⅰ 等式の両辺に同じ数をたしても等式は成り立つ　$A+C=B+C$
Ⅱ 等式の両辺から同じ数をひいても等式は成り立つ　$A-C=B-C$
Ⅲ 等式の両辺に同じ数をかけても等式は成り立つ　$A\times C=B\times C$
Ⅳ 等式の両辺を同じ数でわっても等式は成り立つ　$A\div C=B\div C$
Ⅴ 等式の両辺を左右入れかえても等式は成り立つ　$B=A$

8 まとめ
「～を計算しなさい」と「～を解きなさい」は別物
- 「～を計算しなさい」は「計算して式を簡単にしなさい」の意味．
- 「～を解きなさい」は「解いて，$x=$ ○などと値を求めなさい」の意味．（P063参照）

9 まとめ 比例式　$a:b=c:d$　のとき，$ad=bc$
つまり，(外項の積) ＝ (内項の積) の関係にあります．

10 まとめ 文字式の計算では分配法則を使います．
例 $3(a+b)=3a+3b$

11 まとめ
- 全体を1とする考え方　2割引 $=1-0.2=0.8$　3割増 $=1+0.3=1.3$
- (歩いた道のり) ＋ (走った道のり) ＝ (全体の道のり)
  (歩いた時間) ＋ (走った時間) ＝ (全体にかかった時間)

12 まとめ 文章題は【サザンクロスで整理する】
※ P043 問題12を整理したもの

サザンクロス	歩き	走り	合計
み (道のり:m)	560	$110x$	1000
は (速さ:m／分)	80	110	—
じ (時間:分)	7	x	$7+x$

13 まとめ 比例のグラフは原点を通る直線，一般式は $y=ax$ (a は比例定数)
原点と点 (○，△) を通る直線の式は $y=\frac{△}{○}x$　例 原点と点 (2，3) ⇒ $y=\frac{3}{2}x$

14 まとめ 反比例のグラフは双曲線，一般式は $y=\frac{a}{x}$ (a は比例定数)　$a=xy$

15 まとめ 座標はグラフ上の住所，ヨコ軸が x 軸 (左右)，タテ軸が y 軸 (上下)，
右へ，上へはプラス，左へ，下へはマイナス．

16 まとめ
正方形 (一辺 a)：周りの長さ (ℓ) $=4a$，面積 (S) $=a^2$
長方形 (縦 a，横 b)：周りの長さ (ℓ) $=2(a+b)$，面積 (S) $=ab$
円 (半径 r，π は円周率)：円周 (ℓ) $=2\pi r$，面積 (S) $=\pi r^2$
おうぎ形 (中心角 a)：弧の長さ (ℓ) $=2\pi r\times\frac{a}{360}$，面積 ($S$) $=\pi r^2\times\frac{a}{360}$
おうぎ形の面積 (S) $=\frac{1}{2}\pi\ell r$ でも求められます．

17 まとめ
立方体 (一辺 a の正六面体)：表面積 (S) $=6a^2$，体積 (V) $=a^3$
直方体 (縦 a，横 b，高 c)：表面積 (S) $=2(ab+bc+ca)$，体積 (V) $=abc$

18 まとめ
錐体 (底面積 S，高 h)：体積 (V) $=\frac{1}{3}Sh$，(表面積) ＝ (側面積) ＋ (底面積)
円錐 (母線 R，底面の円の半径 r)：表面積 $=\pi Rr+\pi r^2=\pi r(R+r)$

19 まとめ 正多面体は正四面体，正六面体 (立方体)，正八面体，正十二面体，正二十面体の5つだけ．
各面の形は正四面体，正八面体，正二十面体は正三角形，正六面体は正方形，正十二面体は正五角形．

20 まとめ 代表値には資料を大きさ順に並べたとき，その中央にくる中央値，最も多く度数が現れる最頻値(さいひんち)，(階級値) × (度数) の総合計を度数の合計でわった平均値，などがあります．

応用もガッチリ完成

次の問題に答えなさい．

問題1　絶対値が 3 より小さい整数はいくつあるか，答えなさい．	
問題2　36 を素因数分解しなさい．	
問題3　-1，2，0 の大小関係を，不等号を使って表しなさい．	
問題4　$7-2\times(5-3^2)$ を計算しなさい．	
問題5　$(-6)^2-4^2$ を計算しなさい．	
問題6　$6a-5-(a-1)$ を計算しなさい．	
問題7　$3(4x+1)-7(2x+3)$ を計算しなさい．	
問題8　$\frac{2x-1}{3}=\frac{x+3}{5}$ を解きなさい．	
問題9　$8-5(1-x)=13$ を解きなさい．	
問題10　次の比例式で，x の値を求めなさい． $(2x+3):2=7x:4$	

ワンポイントアドバイス

1 その数を含むのは「以上，以下，から，まで」，含まないのは「より，超，未満」，また個数を聞かれたら「0」を忘れないこと． 7 分配法則を使います． 8 両辺に分母の最小公倍数 15(3×5) をかける．【別解】$\frac{4}{6}=\frac{2}{3}$ のとき $4\times3=6\times2$，$\frac{5}{10}=\frac{1}{2}$ のとき $5\times2=10\times1$ より $\frac{b}{a}=\frac{d}{c}$ のとき $bc=ad$ が成り立つ．最小公倍数を求めなくても解けます． 10 外項の積は内項の積に等しい．

答え

1 5つ　2 $2^2\times3^2$　3 $-1<0<2$　4 15　5 20　6 $5a-4$　7 $-2x-18$
8 $x=2$　9 $x=2$　10 $x=2$

次の問題に答えなさい．

問題	問題文	解答欄
11	定価 1500 円の商品を x 割引で買うといくらか．	
12	1000m 離れた学校まで分速 80m で 7 分歩き，分速 110m で x 分走ったら着いた．何分走ったか【P041 まとめ 12 参照】．	
13	原点と点（3，6）を通る直線の式を答えなさい．	
14	面積 12 の三角形がある．底辺の長さを x とすると，高さ y はどのように表されるか．	
15	点 A（2，4）から左へ 5，上へ 3 移動した点の座標を求めなさい．	
16	半径 12cm，中心角 80° のおうぎ形の面積を答えなさい．	
17	縦 3cm，横 4cm，高さ 5cm の直方体の表面積を答えなさい．	
18	母線の長さ 8cm，底面の円の半径 2cm の円錐の表面積を答えなさい．	
19	正十二面体と正二十面体の辺の数はどちらが多いか，答えなさい．	
20	国語 75 点，数学 88 点，英語 68 点，理科 92 点の生徒が，社会で何点取れば 5 教科の平均点が 80 点を超えられるか．	

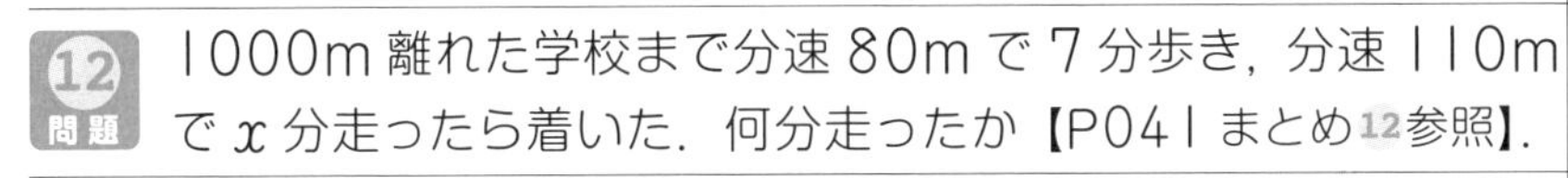

ワンポイントアドバイス

11 x 割 $=\frac{x}{10}$，x 割引 $=1-\frac{x}{10}$，$1500\times\left(1-\frac{x}{10}\right)$ 12 $80\times7+110x=1000$
13 比例　14 反比例　15 左へ⇒－，上へ⇒＋　19 正十二面体は正五角形 12 個，一つの辺は 2 面で共有なので $5\times12\div2$，正二十面体は正三角形 20 個，一つの辺は 2 面で共有なので $3\times20\div2$　20（平均点）×（度数）＝（合計）より，社会を x 点とすると，$75+88+68+92+x>80\times5$（点数は 1 点刻みとは限らず，「80 点を超える」は 80 点ちょうどは含まないので，不等号＞をつけます．）

答え

11 $1500-150x$（円）　12 4 分　13 $y=2x$　14 $y=\frac{24}{x}$　15（−3，7）
16 32π cm²　17 94cm²　18 20π cm²　19 同じ（ともに 30 本）　20 77 点超

～以上，～以下，～から，～まで

あるとき新ちゃんは遊園地に行き，ジェットコースターに乗ろうとしました．
すると，「身長140cm未満のお子様は乗れません！」と書いてありました．
新ちゃんは160cmあるから大丈夫だけれど，妹が140cmピッタリなので，乗れるか乗れないか微妙なところです．

このように，～未満や，～より大きいなど日常生活では，その数が含まれるのか含まれないのか判断に迷うことがあります．
限度や限界，範囲を示す言葉は他にもたくさんありますね．～以上，～以下，～超，～に満たない，～を超える，…などなどです．
言う側が「含まない」つもりで言っているのに，聞く側が「含む」つもりで受けたのではお話になりません．そこで，数学では明確なルールを設けているのです．これからはもう悩まないでも大丈夫，次の4つだけ，今ここで覚えてください．

その数を含むのは「以上，以下，から，まで」のたった4つだけです．

その他の表現はすべてその数を含まないので，この4つさえ覚えればいいのです．
※～以外，～以遠，～以北など「以」がある表現は，すべてそれ自身を含みます．

ではここで練習です．いくつか示しますので，答えを見る前に少し考えてください．

・選挙権は18歳から　⇒　18歳ちょうどは選挙権がある，ない？

・1000円以上　⇒　1000円は含む，含まない？

・仙台以北　⇒　仙台は含む，含まない？

・東海道はお江戸日本橋から京都三条大橋まで
⇒　日本橋，三条大橋は含む，含まない？

・60点よりよい　⇒　60点は含む，含まない？

・身長140cm未満お断り　⇒　身長140cmちょうどはOK，NO ？

答えはP084

中学2年

中学2年の数学
攻略のポイント

- 代入をマスターしよう！
- 文字式は計算順序に気をつけよう！
- 証明問題は結論からも考えてみよう！
- 一次関数は5つのパターンをマスターしよう！
- 確率は樹形図を書いて考えよう！

17 多項式
いろいろな計算

単項式，多項式

数や文字のかけ算だけの式を単項式，単項式を＋や－でつないだ式を多項式といいます．

単項式…$2x$，$\frac{1}{3}a^2$，y，-4　　　多項式…$3x^2-2x+3$

文字の前の数を文字の係数，数だけの項を定数項といいます．

x^2-2x+3…x^2の係数は1，xの係数は-2，定数項は3です．

式の次数

①次数…かけ合わされている文字の個数

次数が1の式を1次式，次数が2の式を2次式といいます．

a^2の次数は2なので2次式，$2abc$の次数は3なので3次式です．

②多項式の次数…各項の次数のうちで最も大きいもの

x^3+2x^2+5xではx^3の次数が3，$2x^2$の次数が2，$5x$の次数が1なので，3次式です．

多項式の計算

たし算，ひき算

（　）をはずし，同類項をまとめて式を簡単にします．

$(2x-y)-(5x-3y)=2x-y-5x+3y=-3x+2y$

$-(5x-3y)=(-1)\times(5x-3y)$
$=-5x+3y$と考えます．

かけ算，わり算

$2(3x+4y)=2\times 3x+2\times 4y=6x+8y$　分配法則

わり算は多項式にわる数の逆数をかけます．

$(6a+4b)\div\left(-\frac{2}{3}\right)=(6a+4b)\times\left(-\frac{3}{2}\right)$

$=6a\times\left(-\frac{3}{2}\right)+4b\times\left(-\frac{3}{2}\right)=-9a-6b$

豆知識

$○\div\frac{1}{2}x$は$○\times\frac{2}{x}$として計算します．

これだけは覚えよう！
同じ文字の項を同類項といいます．
同類項はそれぞれまとめて計算します．

ヒント! 2

わり算は逆数をかけます

▶❶，❷は問題に答えなさい．❸～❿は計算をしなさい．

❶ $3x^3+2x^2-5x+3$　は何次式か．

❷ $2x^2y^2+4xyz$　は何次式か．

❸ $-2b+5a+6b-3a$

❹ $6a\div\frac{1}{2}a^2$

❺ $x^2+xy+1+xy$

❻ $m-\frac{1}{3}n-\frac{1}{3}m+\frac{1}{4}n$

❼ $5x+2y-3x+(7y-2x)$

❽ $3x^2-5x-(4x^2-2x)$

❾ $-\frac{1}{2}(2x-6y)$

❿ $(2x-3y)\div\left(-\frac{1}{2}\right)$

ワンポイントアドバイス

❹は$6a\times\frac{2}{a^2}$として計算します．❽の$-5x$と$3x^2$は同類項ではありません．
$2x^2+3x^2=5x^2$となりますが，$5x^4$とする間違いが多いので気をつけましょう．

答え

❶3次式　❷4次式　❸$2a+4b$　❹$\frac{12}{a}$　❺$x^2+2xy+1$　❻$\frac{2}{3}m-\frac{1}{12}n$　❼$9y$　❽$-x^2-3x$
❾$-x+3y$　❿$-4x+6y$

18 多項式 等式変形

等式変形

次のような，数量の関係を表す式に応用できます．

道のり，速さ，時間	道のり（距離）＝速さ×時間 速さ＝道のり（距離）÷時間 時間＝道のり（距離）÷速さ
三角形	面積＝底辺×高さ÷2 底辺＝面積×2÷高さ 高さ＝面積×2÷底辺
円	半径rの円周の長さ＝直径×円周率（$\ell=2\pi r$） 半径＝円周の長さ÷円周率÷2$\left(r=\dfrac{\ell}{2\pi}\right)$ 半径rの円の面積＝半径×半径×円周率（$S=\pi r^2$）

等式の変形方法（等式の性質を使います）（P022 08参照）

等式 $a-3b=2c$ を

bについて解く　$b=\square$の形にすること

$a-3b=2c$　…aを右辺に移項

$-3b=-a+2c$　…両辺に-1をかける

$3b=a-2c$　…両辺を3でわる

$b=\dfrac{a-2c}{3}$　$\left(b=\dfrac{a}{3}-\dfrac{2c}{3}\right)$

左辺に－がついているときは両辺に－1をかけて，両辺の符号を変えておくとミスが少なくなります．

cについて解く　$c=\square$の形にすること

$a-3b=2c$　…左辺と右辺を入れかえる

$2c=a-3b$　…両辺を2でわる

$c=\dfrac{a-3b}{2}$　$\left(c=\dfrac{a}{2}-\dfrac{3b}{2}\right)$

解きたい文字が左辺にくるように，まず両辺をそのまま入れかえます．

これだけは覚えよう！　等式変形は等式の性質を使って，余分（じゃま）なものを左辺からひとつひとつ取りのぞいて（消して）いきます．

ヒント!

「aについて解きなさい ⇒「$a=$ □ の形にしなさい」の意味」

▶次の等式を［ ］内の文字について解きなさい.

❶ $\ell=2\pi r$ ［r］（円周の長さ）	
❷ $S=\frac{1}{2}ah$ ［h］（三角形の面積）	
❸ $S=\frac{1}{2}(a+b)h$ ［h］（台形の面積）	
❹ $S=\frac{1}{2}(a+b)h$ ［b］（台形の面積）	
❺ $\ell=2\pi r\times\frac{a}{360}$ ［r］（おうぎ形の弧の長さ）	
❻ $2x+y=1$ ［y］	
❼ $y=\frac{a}{x}$ ［a］	
❽ $6x+2y-2=0$ ［y］	
❾ $\frac{1}{2}x-\frac{1}{3}y+\frac{1}{4}=0$ ［y］	
❿ $2x-y=3x+y$ ［y］	

ワンポイントアドバイス

❶〜❺を覚えておけば，図形の求めたいものをすぐに求めることができます.

答え

❶$r=\frac{\ell}{2\pi}$ ❷$h=\frac{2S}{a}$ ❸$h=\frac{2S}{a+b}$ ❹$b=\frac{2S-ah}{h}$ $\left(b=\frac{2S}{h}-a\right)$ ❺$r=\frac{180\ell}{\pi a}$ ❻$y=-2x+1$ ❼$a=xy$ ❽$y=-3x+1$ ❾$y=\frac{6x+3}{4}$ $\left(y=\frac{3}{2}x+\frac{3}{4}\right)$ ❿$y=-\frac{1}{2}x$

連立方程式

19 加減法・代入法・等置法

連立方程式の解き方

2つ以上の二元一次方程式を組み合わせたものを連立方程式といいます.

加減法による解き方

$$\begin{cases} 3x+2y=12 \cdots\cdots ① \\ 2x+3y=13 \cdots\cdots ② \end{cases}$$

x, y の係数をそろえて,たしたりひいたりして x, y いずれかの項を消します.

①×3−②×2

$$\begin{array}{r} 9x+6y=36 \\ -)\ 4x+6y=26 \\ \hline 5x \quad =10 \\ x \quad =2 \end{array}$$

$x=2$ を②に代入

$2\times2+3y=13$

$3y=9$

$y=3$ ➡ $(x, y)=(2, 3)$

代入法による解き方

$$\begin{cases} y=2x-3 \cdots\cdots ① \\ 3x-2y=4 \cdots\cdots ② \end{cases}$$

y と $2x-3$ が等しいので,置きかえる(代入する)ことができます.

①を②に代入

$3x-2(2x-3)=4$ (xだけの式にする)

$3x-4x+6=4$

$-x=4-6$

$x=2$

$x=2$ を①に代入

$y=2\times2-3$

$y=1$ ➡ $(x, y)=(2, 1)$

$y=2x-3$
↓
$3x-2y=4$
⬇
$3x-2(2x-3)=4$

( )を忘れずに!

等置法(代入法の変形)による解き方

$y-○$, $y-△$ の場合は,○=△と横に並べて解きます.
これを等置法といいます.

$$\begin{cases} y=2x-1 \cdots\cdots ① \\ y=-x+8 \cdots\cdots ② \end{cases}$$

①と②を等置

$2x-1=-x+8$

$3x=9$

$x=3$

$x=3$ を①に代入

$y=2\times3-1$

$y=5$

$(x, y)=(3, 5)$

等置法は(のちほど出てくる)関数で2直線の交点を求めるときに使います.

これだけは覚えよう! 代入法・加減法どちらが楽か判断しよう.

ヒント!

「x, yの係数，符号を素早く見極めよう」

▶次の連立方程式を解きなさい．

1. $\begin{cases} x+y=1 \\ x-y=5 \end{cases}$

2. $\begin{cases} 2x+y=1 \\ 2x+3y=11 \end{cases}$

3. $\begin{cases} 2x+3y=10 \\ -x+2y=2 \end{cases}$

4. $\begin{cases} -7x+2y=-7 \\ 5x-3y=16 \end{cases}$

5. $\begin{cases} x=2y \\ x+3y=5 \end{cases}$

6. $\begin{cases} y=3x \\ x+2y=-7 \end{cases}$

7. $\begin{cases} y=x-1 \\ 3x-y=9 \end{cases}$

8. $\begin{cases} y=2x-1 \\ y=x-5 \end{cases}$

9. $\begin{cases} 2x+7y=6 \\ 3x+5y=-2 \end{cases}$

10. $\begin{cases} 5x-4y=-18 \\ 2x-5y=3 \end{cases}$

ワンポイントアドバイス

❶～❹は加減法，❺～❽は代入法が便利．上手に使い分けましょう．

答え

❶$(x, y)=(3, -2)$　❷$(x, y)=(-2, 5)$　❸$(x, y)=(2, 2)$　❹$(x, y)=(-1, -7)$　❺$(x, y)=(2, 1)$

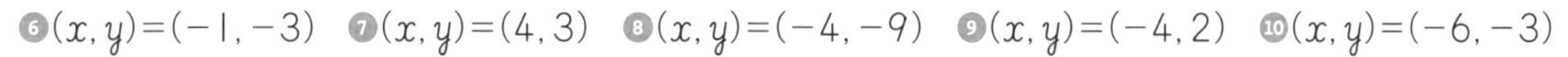

❻$(x, y)=(-1, -3)$　❼$(x, y)=(4, 3)$　❽$(x, y)=(-4, -9)$　❾$(x, y)=(-4, 2)$　❿$(x, y)=(-6, -3)$

20 連立方程式

いろいろな解き方

いろいろな連立方程式の解き方

2つの式の形が異なる方程式は，$\begin{cases} \bigcirc x+\triangle y=\square \cdots\cdots① \\ \bullet x+\blacktriangle y=\blacksquare \cdots\cdots② \end{cases}$ の形に整理してから解きます．

$10x-20y=40$ の場合⇒ $x-2y=4$

係数がすべて10の倍数であることに着目して，両辺を10でわれば式が簡単になります．

$4x=x-2y+5$ の場合⇒ $4x-x+2y=5$ ⇒$3x+2y=5$

移項して同類項をまとめてから解きます．

$7x-3(2x+y)=-8$ の場合⇒ $7x-6x-3y=-8$ ⇒$x-3y=-8$

(　)を含む連立方程式は，まず(　)をはずし，同類項をまとめます．

$0.1x+0.2y=0.6$ の場合⇒ $x+2y=6$

小数を含む連立方程式は，両辺に10，100，…をかけて，
小数を含まない形にしてから解きます．

$\frac{1}{2}x-\frac{1}{3}y=3$ の場合⇒ $3x-2y=18$

分数を含む連立方程式は，両辺に分母の最小公倍数をかけて，
分数を含まない形にしてから解きます．

$x+3y=2x+y=15$ の場合

A＝B＝Cの形の連立方程式は，
2つの式に組みかえます．

⇒$\begin{cases} x+3y=15 \\ 2x+y=15 \end{cases}$

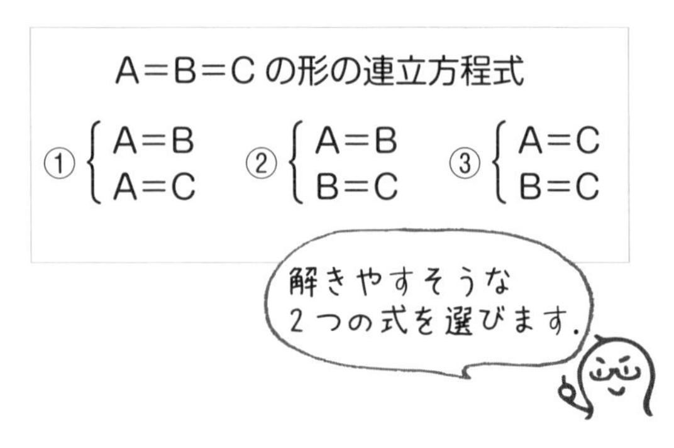

これだけは覚えよう！ まず整数だけの式，$\bigcirc x+\triangle y=\square$の形に直してから解きます．

「分数，小数を含む式はまず，整数に直してから解こう」

▶次の連立方程式を解きなさい.

❶ $\begin{cases} 2x-4y=16 \\ 3x+9y=-6 \end{cases}$

❷ $\begin{cases} 100x+500y=3200 \\ x+y=20 \end{cases}$

❸ $\begin{cases} -2x+3=y-2 \\ x+2y=1 \end{cases}$

❹ $\begin{cases} 4x-y=2x+1 \\ -6x+y-8=3x-2y-2 \end{cases}$

❺ $\begin{cases} -3(2x+y)=0 \\ 5x+4=-2y \end{cases}$

❻ $\begin{cases} 3(x-y)=x-11 \\ 2(2x-5)=-y+3 \end{cases}$

❼ $\begin{cases} -(2x+y)=0 \\ \frac{1}{2}(5x+2y)=-2 \end{cases}$

❽ $\begin{cases} \frac{1}{2}x-y=2 \\ \frac{x}{3}+\frac{2}{5}y=-4 \end{cases}$

❾ $\begin{cases} 0.1x-0.2y=-0.3 \\ 0.03x-0.1y=-0.13 \end{cases}$

❿ $x-1=y+2=x-y$

ワンポイントアドバイス

❿は$x-1=x-y$とおくと$y=1$が求められます.

答え

❶$(x, y)=(4, -2)$ ❷$(x, y)=(17, 3)$ ❸$(x, y)=(3, -1)$ ❹$(x, y)=(-3, -7)$ ❺$(x, y)=(-4, 8)$
❻$(x, y)=(2, 5)$ ❼$(x, y)=(-4, 8)$ ❽$(x, y)=(-6, -5)$ ❾$(x, y)=(-1, 1)$ ❿$(x, y)=(4, 1)$

21 連立方程式 応用・文章題のルール

解に関する問題

x，yについての連立方程式 $\begin{cases} ax-by=-5 \\ bx+ay=5 \end{cases}$ の解が $(x,\ y)=(2,\ -1)$ のとき，a，bの値を求めなさい．

xの値，yの値が与えられているときは，方程式に解を代入して得られる，

$2a+b=-5$，　$2b-a=5$　を解いて求めます．

文章問題を解く5つのルール（手順）

①図示して考えよ（理解を助けるため，わかりやすい図を書いて考えましょう）

②x，yを明示せよ（何をxやyにしたのかを明示して，式を立てましょう）

③質問内容を再確認（解きっぱなしにせず，何を聞かれているかよく確認しましょう）

④単位に注意（出てきた答えが聞かれている単位かどうか，よく確認しましょう）

⑤確かめ算（検算）が決め手！（速さと同時に正確さを追い求めましょう）

速さに関する問題

例題　2300m離れた学校まで行くのに，はじめは毎分70mの速さで歩き，途中から分速150mで走ったところ26分かかった．歩いた時間と走った時間はそれぞれ何分？

ルール①簡単な図や表を書いて，考えます．

ルール②歩いた時間をx分，走った時間をy分とする．

時間は時間，距離は距離で比べる．

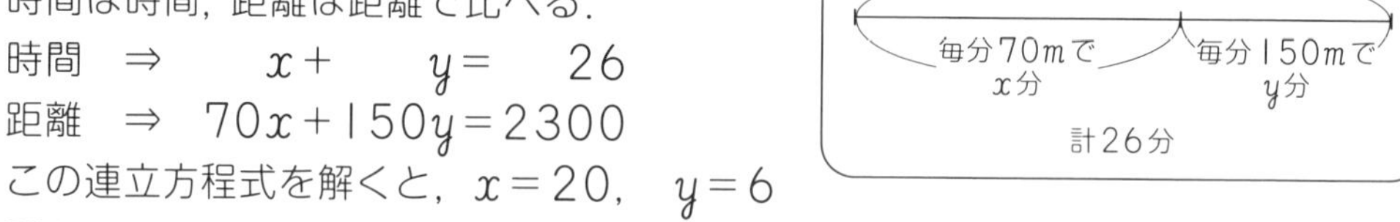

時間　⇒　$x+y=26$

距離　⇒　$70x+150y=2300$

この連立方程式を解くと，$x=20$，　$y=6$

ルール③聞かれているのは歩いた時間と走った時間の2つ．

答え．　歩いた時間20分，走った時間6分

ルール④聞かれている単位は「分」

ルール⑤歩いた時間20分より，歩いた距離は　$70\times20=1400$(m)

走った時間6分より，走った距離は　$150\times6=900$(m)

合計距離は　$1400+900=2300$(m)……設問と合致

距離，速さ，時間の問題は，

道のり（距離）	
速さ	時間

▶❶～❹はx，yについての連立方程式とその解が次の場合，a，bの値を求めなさい．❺～❿は問題に答えなさい．

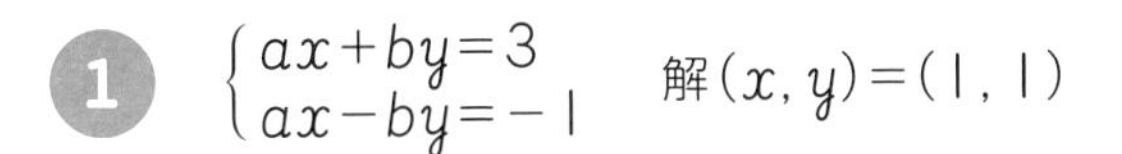

❶ $\begin{cases} ax+by=3 \\ ax-by=-1 \end{cases}$　解$(x, y)=(1, 1)$

❷ $\begin{cases} ax+by=-1 \\ 3x+by=-3 \end{cases}$　解$(x, y)=(-2, 3)$

❸ $\begin{cases} (a-1)x=y \\ bx+ay=-7 \end{cases}$　解$(x, y)=(-1, -3)$

❹ $\begin{cases} ax+by-6=0 \\ y=ax+b \end{cases}$　解$(x, y)=(3, -4)$

❺ 5.2kmは何mか．

❻ はじめに17分歩いて途中から走ると25分で駅に着いた．走ったのは何分か．

❼ 分速250mで3分間走ると何m進むか．

❽ 分速80mでx分間歩くと何km進むか．

家から3km離れた駅へ向かうのにはじめは分速70mで歩き，途中から分速150mで走ると36分で駅に着いた．歩いた時間をx分，走った時間をy分として，歩いた時間と走った時間をそれぞれ求めなさい．

❾ 式

❿ 答

ワンポイントアドバイス

文章題5つのルール①図示して考えよ，②x，yを明示せよ，③質問内容を再確認，④単位に注意，⑤確かめ算（検算）が決め手，に当てはめて考えましょう．

答え

❶$a=1$, $b=2$　❷$a=2$, $b=1$　❸$a=4$, $b=-5$　❹$a=-\frac{2}{3}$, $b=-2$　❺5200m　❻8分
❼750m　❽$0.08x$km　❾$\begin{cases} x+y=36 \\ 70x+150y=3000 \end{cases}$　❿歩いた時間30分，走った時間6分

22 一次関数
直線の式，傾きと切片

一次関数

ともなって変わる2つの変数があって，xの値が決まると，yの値もそれに対応して1つに決まるとき，yはxの関数であるといいます．

yがxの関数で，$y=2x+3$のように，yがxの一次式で表されるとき，yはxの一次関数であるといいます．一次関数の一般式は，$y=ax+b$の形で表され，一次関数のグラフは直線になります．

直線$y=ax+b$で，aは傾き（＝変化の割合），bは切片

傾き（a）はxが右（プラス）方向に1つ動くときy方向に動く数を表し，

切片（b）は直線とy軸が交わる点のy座標を表します．

直線とy軸の交点はx座標が0だから，その座標は$(0, b)$となります．

傾きと切片の2つが一次関数のグラフの基本となります．

$y=ax+b$をしっかり覚えましょう．

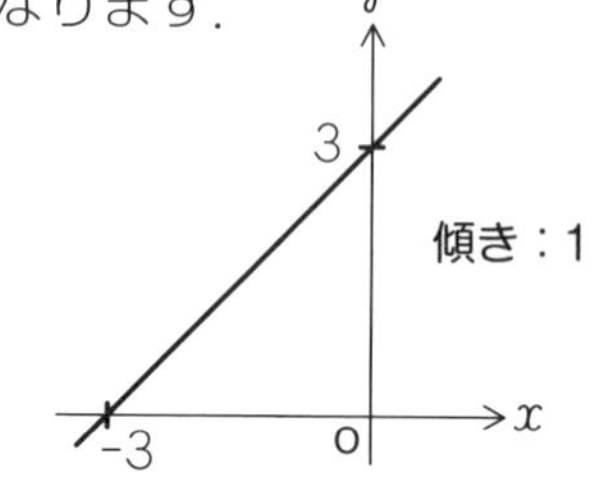

例題 右の直線の式を答えましょう．

傾き1，切片3より

$y=x+3$

直線の式がわかっているときの座標の求め方

直線の式にわかっている座標の値を代入し，もう一つの座標の値を求めます．

例題 右の直線$y=x+3$上の点Aの座標を求めましょう．

$y=x+3$　に点Aのx座標　$x=1$を代入すると

$y=1+3=4$　となるので，A(1，4)

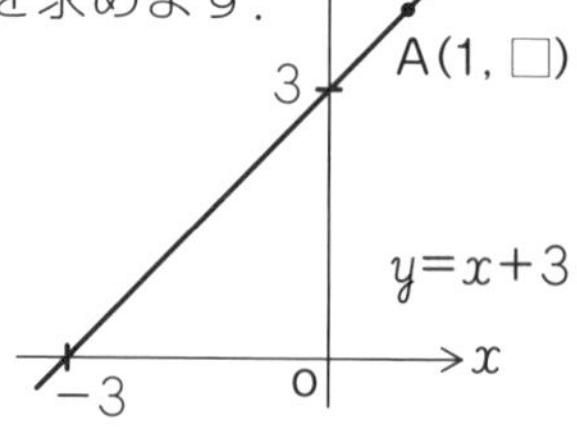

x座標のみや，y座標のみを答えなさいなどの問題もあります．

これだけは覚えよう！ 傾きは変化の割合ともいい，xが1増えると，yがいくつ増えるかを表します．

ヒント!

「一次関数の一般式：$y=ax+b$（aは傾き，bは切片）」

▶次の表の空欄を埋めなさい.

	直線の式	傾き（a）	切片（b）
❶	$y=2x+5$		
❷	$y=-x+3$		
❸	$y=3x-5$		
❹		-6	-2
❺		$-\frac{1}{4}$	$\frac{5}{4}$
	直線の式	x 座標	y 座標
❻	$y=x-3$	2	
❼	$y=-2x+5$	-3	
❽	$y=-x+6$	4	
❾	$y=3x-5$		-8
❿	$y=\frac{2}{3}x+5$		9

ワンポイントアドバイス

❹，❺は，傾き（変化の割合）と切片の２つがわかれば求められます．

答え

（左から順に）❶2, 5　❷-1, 3　❸3, -5　❹$y=-6x-2$　❺$y=-\frac{1}{4}x+\frac{5}{4}$　❻-1　❼11　❽2　❾-1　❿6

23 一次関数
直線の式の求め方

一次関数の一般式

$y=ax+b$ （aは傾き，bは切片） 傾き$a=\dfrac{y\text{の増加量}}{x\text{の増加量}}$で求めます.

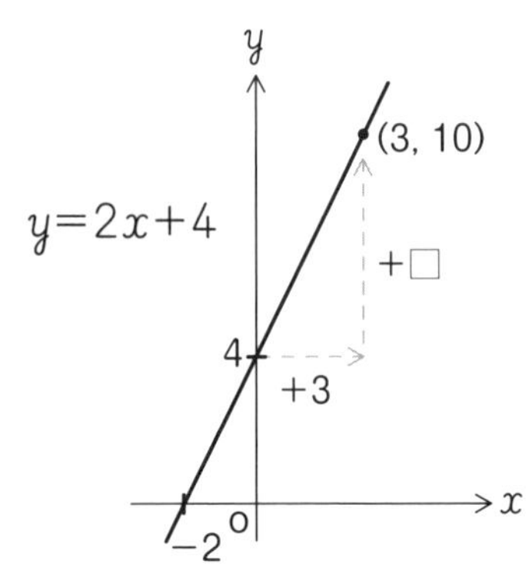

yの増加量＝変化の割合×xの増加量
xの増加量＝yの増加量÷変化の割合となります.

例題 関数$y=2x+4$で，xの増加量が3のときの，yの増加量を求めましょう.

yの増加量：$2\times\underline{3}=6$

一次関数の変域

変域とは決まった範囲しかグラフがないことを表します.
右の図のような形で，実線の部分のみの場合です.

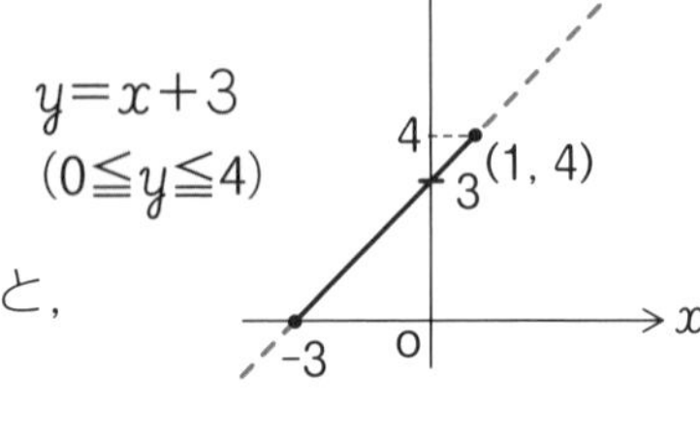

例題 右の一次関数のxの変域を求めましょう.

yの変域が$(0\leqq y\leqq 4)$なので，
$y=0$と$y=4$をそれぞれ$y=x+3$に代入すると，
$x=-3$，$x=1$
グラフの両端の点の座標は$(-3,\ 0)$，$(1,\ 4)$
これより$-3\leqq x\leqq 1$となります.

※小さい数を左，大きい数を右に書きます.

中点の座標

点$(1,\ 3)$と$(5,\ 7)$を結ぶ線分の中点の座標はx座標もy座標もそれぞれたして2でわって求めます.

x座標 ⇒$(1+5)\div 2=3$　　y座標 ⇒$(3+7)\div 2=5$ より$(3,\ 5)$

これだけは覚えよう！
・傾きが（＋）のときは，右上がりの直線
・傾きが（－）のときは，右下がりの直線

「一次関数の一般式：$y=ax+b$（aは変化の割合，bは切片）」

▶次の表の空欄を埋めなさい．

	xの増加量	yの増加量	変化の割合
❶	3	9	
❷	2	-4	
❸	4		-1
❹	6		$\frac{1}{2}$
❺		-3	-3
	直線の式	xの変域	yの変域
❻	$y=-2x+7$	$-4 \leqq x \leqq 2$	
❼	$y=x-3$	$2 \leqq x \leqq 9$	
❽	$y=-3x+3$		$-3 \leqq y \leqq 0$
❾	$y=-\frac{1}{3}x+4$		$1 \leqq y \leqq 6$
❿	A(4, 3), B(2, −1)のとき，線分ABの中点の座標を求めなさい．		(　　,　　)

ワンポイントアドバイス

❶，❷は変化の割合(a)＝$\frac{y\text{の増加量}}{x\text{の増加量}}$で求めます．

答え

❶3　❷−2　❸−4　❹3　❺1　❻$3 \leqq y \leqq 15$　❼$-1 \leqq y \leqq 6$　❽$1 \leqq x \leqq 2$　❾$-6 \leqq x \leqq 9$　❿(3, 1)

24 一次関数 式の求め方と交点の求め方

直線の式の求め方

一般式$y=ax+b$に代入して解きます.

①傾き（a）と通る点の座標がわかるとき ⇒ 切片「b」を求めます.

例 傾きが1で，点（1，4）を通る直線

$a=1$，$x=1$，$y=4$を代入します．$4=1\times1+b$ ⇒ $b=3$ $y=x+3$

※平行な直線の式を求めるとき ⇒ 平行⇔傾き同じ なので①と同じです

例 $y=\underline{-2}x+5$に平行で… ⇒ $a=-2$ の意味です.

②切片（b）と通る点の座標がわかるとき ⇒ 傾き「a」を求めます.

例 切片3で，点（1，4）を通る直線

$b=3$，$x=1$，$y=4$を代入して$a=1$を求めます. ⇒ $y=x+3$

③2点の座標がわかるとき ⇒ 傾き「a」を求めた後，切片「b」を求めます.

例 A（−1，3），B（4，−2）を通る直線の傾き：$a=\dfrac{-2-3}{4-(-1)}=-1$，

$a=-1$，$x=-1$，$y=3$を代入して$b=2$を求めます. ⇒ $y=-x+2$

一次関数の交点（座標）の求め方

④x軸，y軸と交わる点（座標）を求めるとき

⇒「x軸と交わる点」はy座標＝0 を直線の式に代入して，x座標を求めます.

「y軸と交わる点」はx座標＝0 を直線の式に代入して，y座標を求めます.

例 直線$y=x+3$ が

x軸と交わる点： $y=0$を代入して$x=-3$を求めます. ⇒ （−3，0）

y軸と交わる点： $x=0$を代入して$y=3$を求めます. ⇒ （0，3）

⑤交点（座標）を求めるとき ⇒ 連立方程式の等置法を使います. P050 19参照

例 2直線$y=2x-1$，$y=-x+8$の交点

$2x-1=-x+8$ から $x=3$，$y=5$を求めます. ⇒ （3，5）

これだけは覚えよう！

2点の座標がわかるときはまず傾き（a）を求めます.

$$傾き(a)=\frac{y\text{の増加量}}{x\text{の増加量}}$$

平行⇔傾き同じ　交点の座標は等置法で求めます

▶❶〜❽は直線の式を求めなさい．❾，❿は座標を求めなさい．

	問題	解答欄
❶	傾きが-1で点$(-3,\ 1)$を通る	直線の式
❷	傾きが4で点$(1,\ -1)$を通る	直線の式
❸	切片が2で点$(3,\ -1)$を通る	直線の式
❹	切片が-2で点$(-3,\ 1)$を通る	直線の式
❺	点$(3,\ -1)$と点$(-2,\ -11)$を通る	直線の式
❻	点$(4,\ 3)$と点$(3,\ 5)$を通る	直線の式
❼	直線$y=-x-2$に平行で点$(4,\ 3)$を通る	直線の式
❽	直線$y=4x-5$に平行で点$(3,\ 15)$を通る	直線の式
❾	直線$y=2x-6$がx軸と交わる点の座標	座標
❿	直線$y=x-2$と直線$y=4x-5$の交点	交点の座標

ワンポイントアドバイス

直線の式は$y=ax+b$にわかっている値を代入して求めましょう．

答え

❶$y=-x-2$　❷$y=4x-5$　❸$y=-x+2$　❹$y=-x-2$　❺$y=2x-7$　❻$y=-2x+11$
❼$y=-x+7$　❽$y=4x+3$　❾$(3,0)$　❿$(1,-1)$

作図の基本パターン

作図の問題では，コンパスは中心から等距離にある点の集合（円の一部分）をかくために，定規は直線をひくために使います．作図は次のパターンを覚えましょう．

・**垂線の作図**

「点Pを通る直線ℓの垂線」

①点Pを中心として弧をかき，直線ℓとの交点をA，Bとする．

②点A，Bを中心として等しい半径の弧をかき，交点の1つをQとする．

③点Pと点Qを結ぶ直線が，点Pを通る直線ℓの垂線となります．

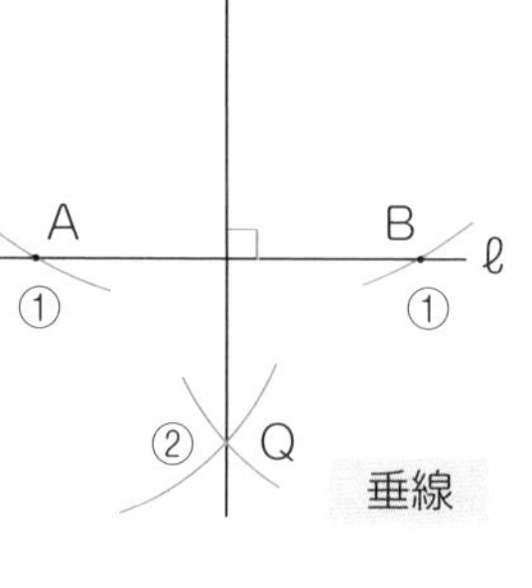

垂線

・**垂直二等分線の作図**

（2つの点から等しい距離にある点や直線をかくとき）

「線分ＡＢの垂直二等分線」

①点A，Bを中心として等しい半径の弧をかき，その交点をP，Qとします．

②点Pと点Qを結ぶ直線が，線分ＡＢの垂直二等分線となります．

（垂直二等分線の性質）重要

1．線分ＡＢの垂直二等分線上のどの点も2点A，Bから等距離にあります．

2．2点A，Bから等距離にある点は，線分ＡＢの垂直二等分線上にあります．

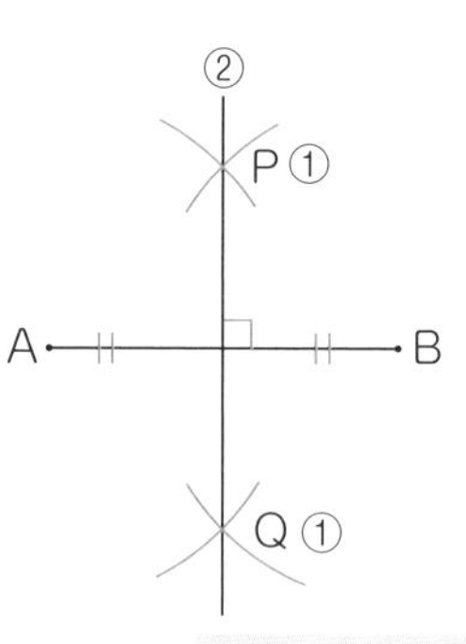

垂直二等分線

・**角の二等分線の作図**

（2つの直線から等しい距離にある点や直線をかくとき）

「∠ＸＯＹの二等分線」

①点Oを中心とする弧をかき，辺ＯＸ，ＯＹとの交点をそれぞれP，Qとします．

②点P，Qを中心として等しい半径の弧をかき，その交点をRとします．

③点Oと点Rを結ぶ半直線が，∠ＸＯＹの角の二等分線となります．

「角の二等分線の性質」重要

1．角の二等分線上のどの点も，角を作る2辺から等距離にあります．

2．角を作る2辺までの距離が等しい点は，角の二等分線上にあります．

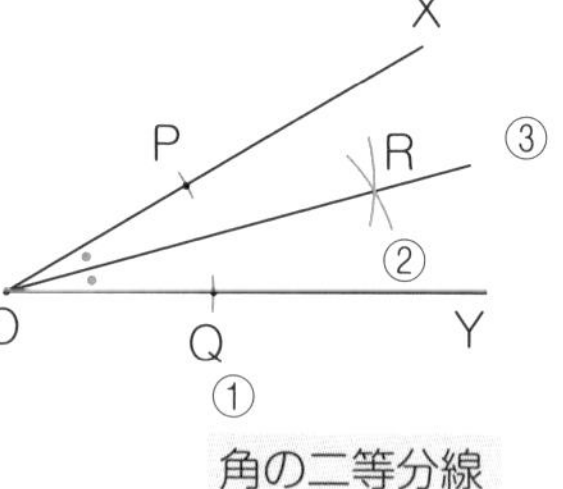

角の二等分線

ここらでちょっと一息

「〜を計算しなさい」と「〜を解きなさい」は別物

「〜を計算しなさい」という問題と，「〜を解きなさい」という問題があります．

・「〜を計算しなさい」は「〜を計算して，式を簡単にしなさい」という意味で，たとえば，$\frac{x}{4}+\frac{2x}{5}$ のような問題です．

・「〜を解きなさい」は「〜を解いて，$x=$○などと求めなさい」という意味で，たとえば，$4x+5=-3x-7$ のような問題です．

つまり，両者の一番の大きな違いは，等号（＝）があるか，ないかです．
数学的な分類では前者は文字式，後者は方程式と呼んでいます．
等式の性質①〜⑤は，方程式には使えますが，文字式には使えません．
分数があると計算が複雑になるので，分数のない計算にしたくなりますが，
文字式は分母を払うことはできませんので，十分注意しましょう．

ここらでちょっと一息

1からnまでの和

1から10までの合計は55，これを覚えている人は多いですが，では1から100までの合計は？　いま，$1+2+3+\cdots+100=A$　とおきます．
順序を変えても同じなので，$100+99+\cdots\cdots+1=A$　ですね．

$$
\begin{array}{r}
1+\quad 2+\cdots+\quad 99+100=A \\
+)\ \underline{100+\ 99+\cdots+\quad 2+\quad 1=A} \\
101+101+\ \cdots+101+101=2A
\end{array}
$$

これらを加えると

101を100回加えることになるので，$101\times100=2A$，$10100=2A$より，
$A=1+2+3+\cdots+100=5050$となります．
同様に1からnまでは$\frac{n(1+n)}{2}$ となるのです．これ（等差数列の和）は覚えておくと便利ですよ．

25 図形 平行線と角の関係

角の種類

対頂角(X型)

$\angle a$と$\angle c$, $\angle b$と$\angle d$　のように
互いに向かい合った2つの角を対頂角といいます.

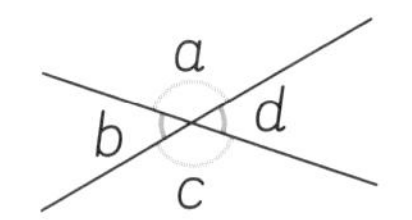

対頂角は等しい

同位角(LL型)

$\angle a$と$\angle e$, $\angle b$と$\angle f$, $\angle c$と$\angle g$, $\angle d$と$\angle h$のように
同じ位置関係にある2つの角を同位角といいます.

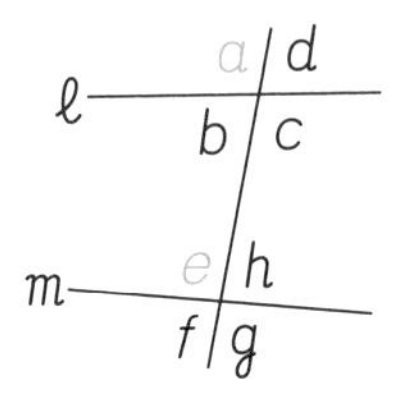

錯角(さっかく)(Z型)

$\angle b$と$\angle h$, $\angle c$と$\angle e$のような
互い違いの位置関係にある角を錯角といいます.

平行線と角の関係

2直線が平行のとき, 同位角は等しく, 同位角が等しいとき2直線は平行になります.
同様に2直線が平行のとき, 錯角は等しく, 錯角が等しいとき2直線は平行になります.
2直線が平行　⇔　同位角が等しい　　　2直線が平行　⇔　錯角が等しい

$\ell /\!/ m$ならば, ①同位角は等しい, ②錯角は等しい, ③$\angle b+\angle e=180^\circ$が成り立つ.
①, ②, ③のいずれかが成り立てば$\ell /\!/ m$

右の図で$\ell /\!/ m$のとき, 右向きの角(★)と左向きの角(☆)の合計は等しい.

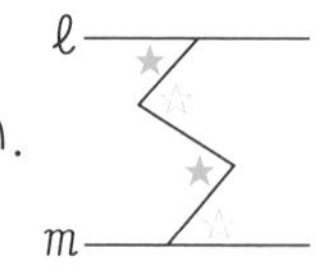

例 右の図で, $\ell /\!/ m$のとき, $\angle x$の大きさを求めなさい.
右向き:$22+x$　左向き:$54+(180-135)$より,
$22+x=54+45$
$x=77$　⇒　77°となります.

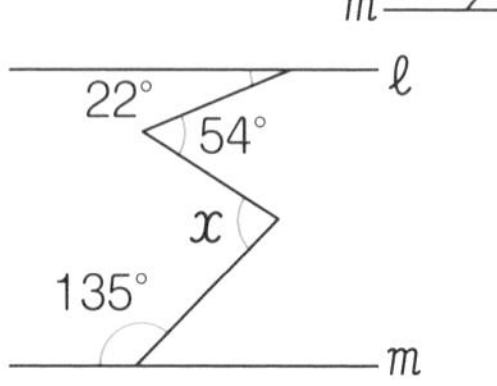

これだけは覚えよう! 右向きの角度の合計は, 左向きの角度の合計に等しい.

2直線がクロスしたとき，対頂角は等しい

▶次の問題に答えなさい.

1 左の図で対頂角の関係にあるものをすべて書きなさい.（例）$\angle x=\angle y$	
2 左の図で同位角の関係にあるものをすべて書きなさい.	
3 左の図で錯角の関係にあるものをすべて書きなさい.	
4 左の図で$\angle a=73°$のとき$\angle c$は何度か.	
5 左の図が$\ell//m$で$\angle b=94°$のとき$\angle f$は何度か.	
6 左の図が$\ell//m$で$\angle c=81°$のとき$\angle e$は何度か.	
7 左の図が$\ell//m$で$\angle d=95°$のとき$\angle f$は何度か.	
8 左の図が$\ell//m$で$\angle e=95°$のとき$\angle d$は何度か.	
9 左の図が$\angle c=95°$，$\angle h=85°$のとき直線ℓ，mは平行になるか.	
10 左の図が$\angle d=95°$，$\angle g=95°$のとき直線ℓ，mは平行になるか.	

ワンポイントアドバイス

2直線が平行のとき　⇔　同位角，錯角が等しい.

答え

❶$\angle a=\angle c$, $\angle b=\angle d$, $\angle e=\angle g$, $\angle f=\angle h$　❷$\angle a$と$\angle e$, $\angle b$と$\angle f$, $\angle c$と$\angle g$, $\angle d$と$\angle h$
❸$\angle b$と$\angle h$, $\angle c$と$\angle e$　❹73°　❺94°　❻81°　❼95°　❽85°　❾（平行に）なる　❿（平行に）ならない

26 図形 三角形と角の関係

三角形の内角の和は180°

△ABCで線分BCを延長し，延長上にEをとり，線分ABに平行な線分CDを引きます．
平行線と錯角の関係より，
$\angle a=\angle ACD(\angle d)$
平行線と同位角の関係より，
$\angle b=\angle DCE(\angle e)$
よって，$\angle a+\angle b+\angle c=\angle c+\angle d+\angle e=180^\circ$
つまり三角形の内角の和は180°になります．
また，$\angle a+\angle b=\angle d+\angle e$（$\angle c$の外角）になることも覚えておきましょう．

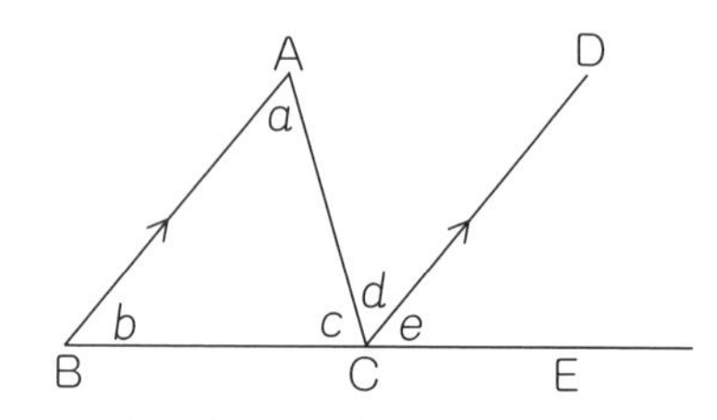

三角形の内角の和は180°

いろいろな三角形と角度の求め方

スリッパの法則

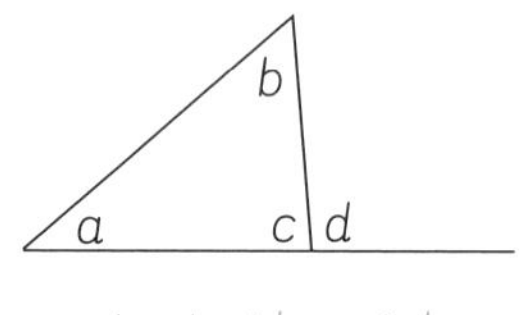

$\angle a+\angle b=\angle d$

チョウチョの法則

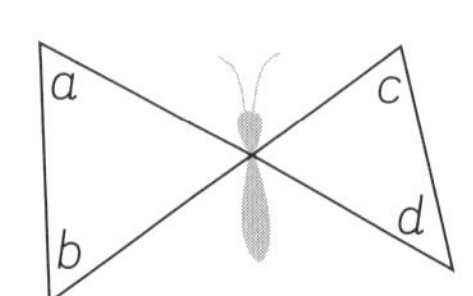

$\angle a+\angle b=\angle c+\angle d$

キツネの法則

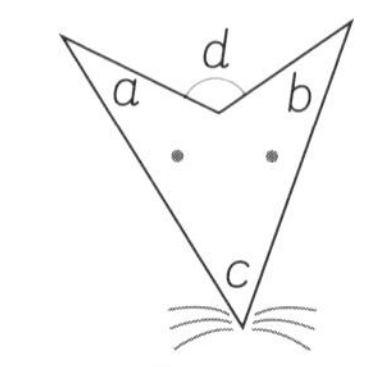

$\angle a+\angle b+\angle c=\angle d$
耳＋耳＋鼻＝頭

折り紙の法則

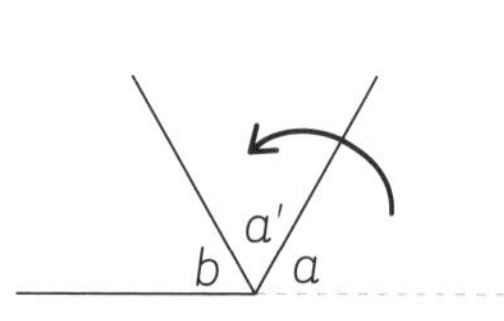

$\angle a=\angle a'$

同じ角度，同じ長さのところが必ずあります．

同じ印の角①

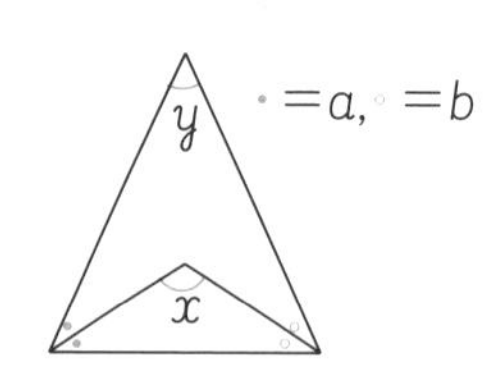

$\angle x=90^\circ+\frac{1}{2}\angle y$

$\left[\begin{array}{l}2a+2b=180^\circ-\angle y\\ a+b=180^\circ-\angle x\text{ より}\end{array}\right]$

同じ印の角②

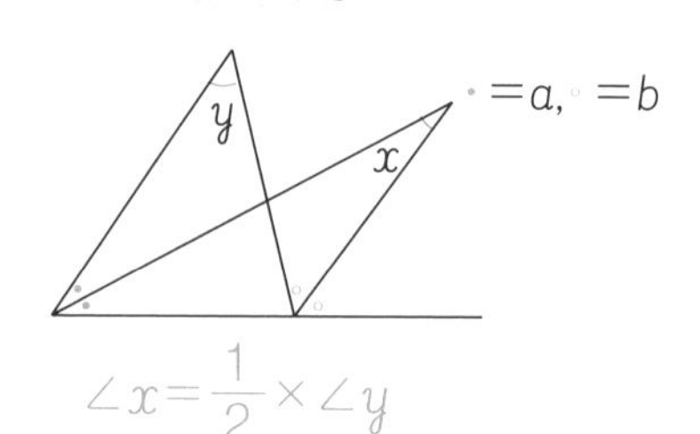

$\angle x=\frac{1}{2}\times\angle y$

$\left[\begin{array}{l}\angle y=2b-2a\\ \angle x=b-a\text{ より}\end{array}\right]$

これだけは覚えよう！ キツネの法則⇔　耳＋耳＋鼻＝頭（みみ・みみ・はなは・あたまダヨ）

「三角形の内角の和は180°」

▶次の図で，∠xの大きさを求めなさい．

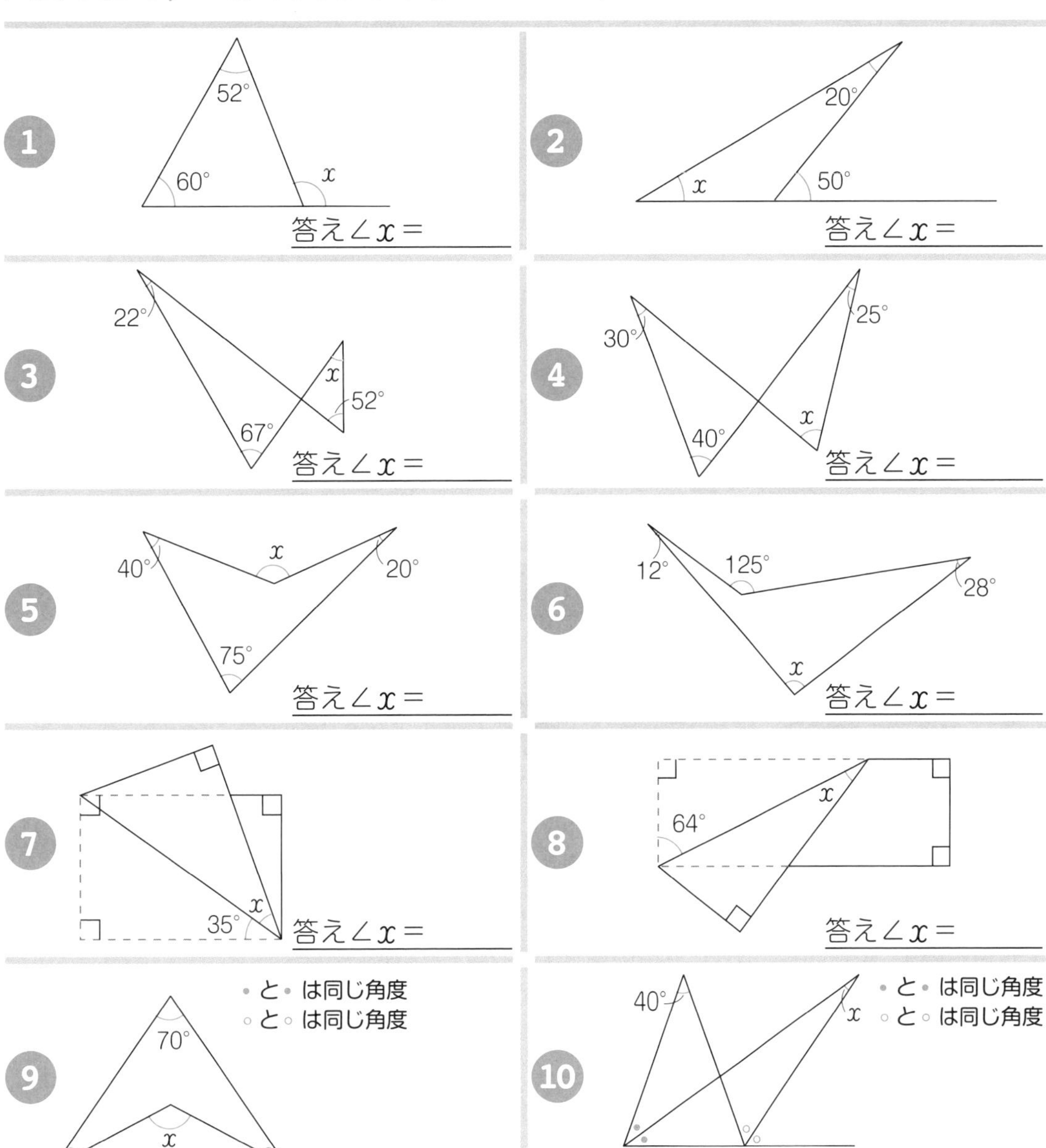

ワンポイントアドバイス

❶❷はスリッパ，❸❹はチョウチョ，❺❻はキツネの法則を使います．

答え

❶112°　❷30°　❸37°　❹45°　❺135°　❻85°　❼35°　❽26°　❾125°　❿20°

27 図形 多角形と角の関係

多角形

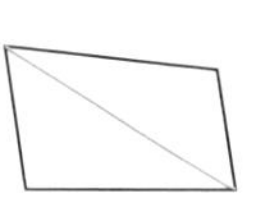
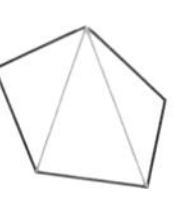

	三角形	四角形	五角形	・・・	n角形
角の数(＝辺の数)	3	4	5	・・・	n
三角形の数　※	1	2	3	・・・	$(n-2)$
内角の和	180°	360°	540°	・・・	$180° \times (n-2)$
外角の和	360°	360°	360°	・・・	360°

※1つの頂点から対角線を引いてできる三角形の数

n角形の内角の和の求め方

多角形を1つの頂点から対角線を引いていくつかの三角形に分けて考えると，上の表よりn角形の場合$(n-2)$個の三角形に分かれます．三角形の内角の和は180°なので，n角形の内角の和は$180° \times (n-2)$になります．

正多角形はすべての内角が等しい

すべての内角が等しいということは裏返して考えると，すべての外角が等しいことです．したがって，内角の和から1つの内角を求めるよりも，外角の和から1つの外角を求めて内角を出す方が，計算が楽なことが多いです．

正n角形の1つの内角＝内角の和÷角の数n(辺の数)

正n角形の1つの外角＝360°÷角の数n(辺の数)

内角＋外角＝180°(直線)になることも覚えておきましょう．

外角

内角

例 正八角形の1つの内角を求めなさい．

内角の和から：$180° \times 6 = 1080°$，　$1080° \div 8 = 135°$

外角の和から：$360° \div 8 = 45°$，$180° - 45° = 135°$

これだけは覚えよう！ n角形の外角の和はいつでも360°，内角の和は$180° \times (n-2)$．

「正n角形の１つの外角は360°÷n,
内角は180°－外角」

▶次の表の空欄を埋めなさい.

	正n角形	内角の和	１つの内角	１つの外角
1	正六角形			60°
2	正八角形	1080°		
3	正十二角形	1800°		
4	正九角形		140°	
5	正(　　)角形	2340°		24°
6	正三角形			
7	正二十角形	3240°		
8	正(　　)角形		144°	
9	正(　　)角形			20°
10	正五角形			

ワンポイントアドバイス

「外角の和は常に360°」は内角の計算にも役立つ. 9では360÷20でまず角の数を求めます.

答え

左から順に1 720°, 120°　2 135°, 45°　3 150°, 30°　4 1260°, 40°　5 正(十五)角形, 156°
6 180°, 60°, 120°　7 162°, 18°　8 正(十)角形, 1440°, 36°　9 正(十八)角形, 2880°, 160°
10 540°, 108°, 72°

28 図形 合同条件と図形の性質

合同

平面上の２つの図形がピッタリと重なり合うとき，この２つの図形は合同であるといい，重なる頂点を対応する頂点，重なる辺を対応する辺，重なる角を対応する角といいます．
例えば，△ABCと△DEFが合同であるとき，△ABC≡△DEFと表します．
※対応する頂点を順に並べます．

合同な図形の性質

合同な図形では，

①対応する辺はそれぞれ等しい．　②対応する角はそれぞれ等しい．

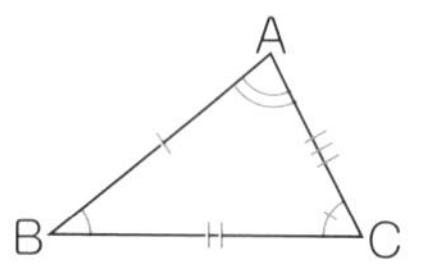

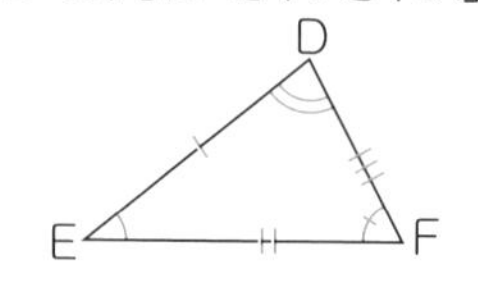

合同条件のいずれか１つがなり立てば，２つの三角形は合同となります．

三角形の合同条件（△ABC≡△DEF）

①3 組の辺がそれぞれ等しい．

②2 組の辺とその間の角がそれぞれ等しい．

③1 組の辺とその両端の角がそれぞれ等しい．

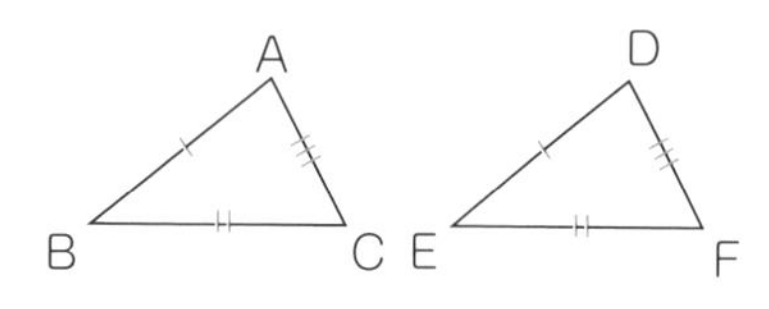

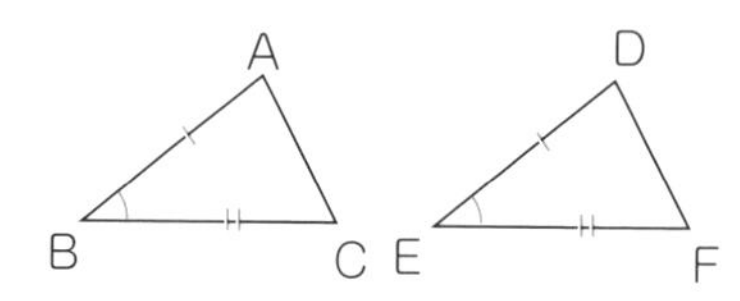

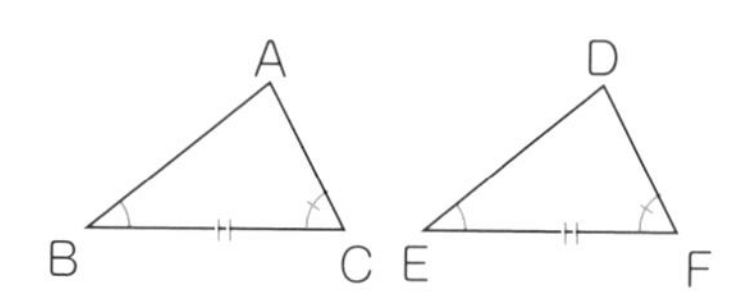

直角三角形の合同条件

①直角三角形の斜辺と他の１辺がそれぞれ等しい．

②直角三角形の斜辺と１つの鋭角がそれぞれ等しい．

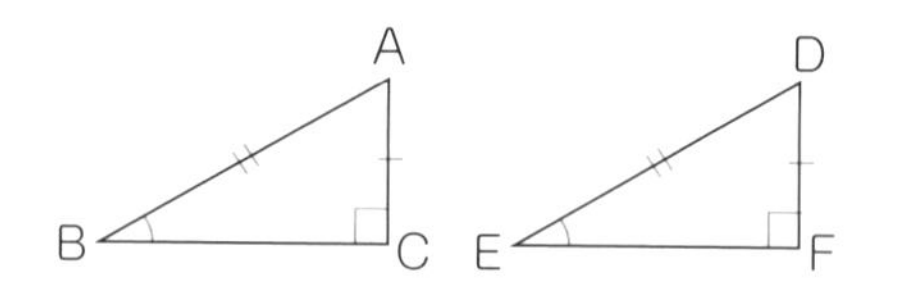

平行四辺形になるための条件

①向かい合う２組の辺はそれぞれ平行である．（定義）

②向かい合う２組の辺はそれぞれ等しい．

③向かい合う２組の角はそれぞれ等しい．

④対角線はそれぞれの中点で交わる．

⑤向かい合う１組の辺が平行で等しい．

これだけは覚えよう！

三角形の合同条件

①3組の辺，②2組の辺とその間の角，③１組の辺と両端の角

合同条件はどれか１つがいえれば合同になります

▶次の各問に答えなさい.

問　三角形の合同条件を3つ答えなさい.（❶～❸は順不同）

❶

❷

❸

問　直角三角形の合同条件を2つ答えなさい.（❹，❺は順不同）

❹

❺

問　平行四辺形になるための条件を5つ答えなさい.（❻～❿は順不同）

❻

❼

❽

❾

❿

ワンポイントアドバイス

「平行四辺形になるための条件」は覚えてしまいましょう.

答え

❶3組の辺がそれぞれ等しい. ❷2組の辺とその間の角がそれぞれ等しい. ❸1組の辺とその両端の角がそれぞれ等しい. ❹直角三角形の斜辺と他の1辺がそれぞれ等しい. ❺直角三角形の斜辺と1つの鋭角がそれぞれ等しい. ❻向かい合う2組の辺がそれぞれ平行である. ❼向かい合う2組の辺がそれぞれ等しい. ❽向かい合う2組の角がそれぞれ等しい. ❾対角線がそれぞれの中点で交わる. ❿向かい合う1組の辺が平行で等しい.

29 図形 証明問題と定理の逆

図形問題の鉄則

①すぐに思いつかないこともあるので，絶対に問題用紙には書き込まず，余白に書いて，考える癖をつけましょう．
②等しい辺や角には同じ印をつけて考えます．(○○や××など)

証明問題

「◎◎において，△△であるとき，□□を証明しなさい」のような形で出題されますね．これは「◎◎において，△△(仮定)であるとき，□□(結論)であることを，筋道を立てて説明(証明)しなさい」という意味です．
つまり，証明とは与えられたヒント(仮定)に基づき，理由(定理など)を明確にしながら，論理的に結論に導くことなのです．「何をいえば，□□になる」かを考え，トンネルを両方から掘り進む要領で考えましょう．

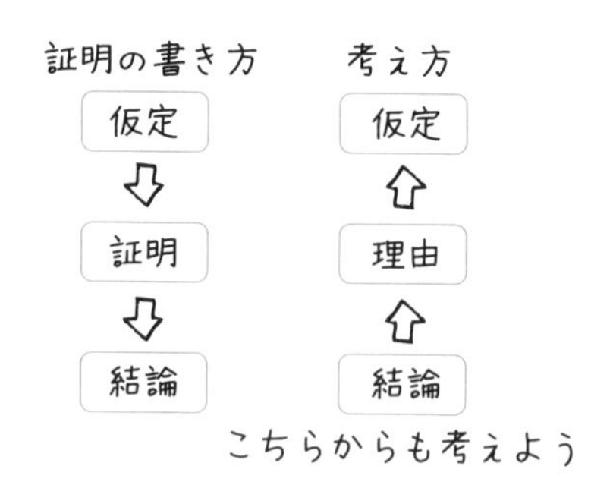

定理の逆

ある定理の仮定と結論を入れかえたものを，その定理の逆といいます．
「◎◎ならば，△△である」 ⇒ (逆)「△△ならば，◎◎である」

「逆」は必ずしも正しいとは限らない

あることがらが正しい場合，その逆は必ずしも正しいとは限りません．正しくないことを証明するには，誤った例を1つ挙げます．
「ある数が4の倍数であれば，その数は偶数である」
⇒(逆)「ある数が偶数であれば，4の倍数である」・・・これはあきらかに間違いですね．
「ある数が6の場合，偶数だが4の倍数ではない」と誤った例を1つ挙げればいいのです．

証明は，仮定，結論の両方から攻める．
仮定 ⇔ 証明 ⇔ 結論

「逆」は必ずしも正しいとは限らない

▶❶～❻は各問の仮定と結論を，❼～❿は問題に答えなさい．

問．△ABCと△PQRにおいて，
AB＝PQ，BC＝QR，CA＝RP
ならば△ABC≡△PQRである

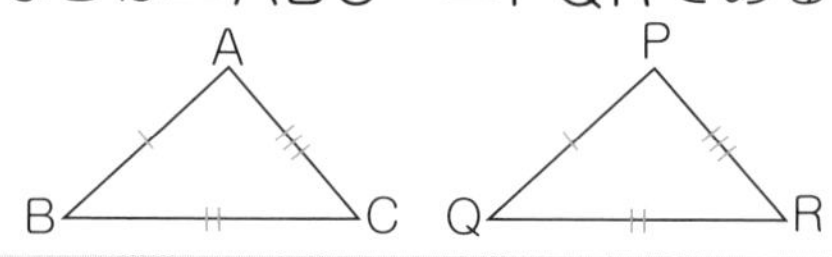

❶ 仮定

❷ 結論

問．△ABCにおいて，∠A＝∠Bならば△ABCはCA＝CBの二等辺三角形である．

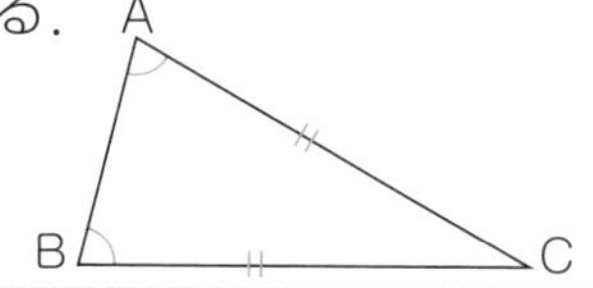

❸ 仮定

❹ 結論

問．四角形ABCDが平行四辺形ならば，
AB＝DC，AB//DCである．

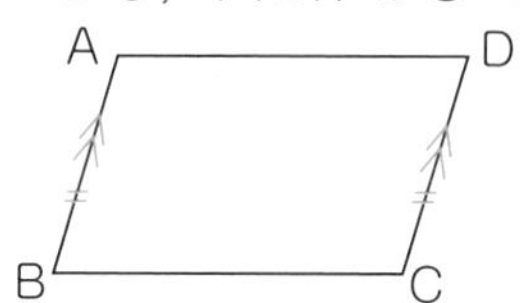

❺ 仮定

❻ 結論

❼ 「錯角が等しければ，2直線は平行である」の逆を答えなさい．

❽ 「4の倍数は偶数である」の逆を答えなさい．

❾ 「△ABC≡△XYZならば，∠A＝∠Xである」の逆を答えなさい．

❿ ❼～❾のうち，逆が正しい番号を書きなさい．

ワンポイントアドバイス

❿は❼～❾で誤った例がないか，探してみよう．

答え

❶AB＝PQ, BC＝QR, CA＝RP　❷△ABC≡△PQR　❸∠A＝∠B　❹△ABCはCA＝CBの二等辺三角形　❺四角形ABCDが平行四辺形　❻AB＝DC, AB//DC　❼2直線が平行であれば錯角は等しい　❽偶数は4の倍数である　❾∠A＝∠Xならば△ABC≡△XYZである　❿❼(が正しい)

30 確率
場合の数と確率

場合の数と樹形図

「あることがらの起こり方が重複やモレがなく何通りあるか」を，そのことがらが起こる場合の数といいます．場合の数は図や表にかいて考えます．

例「Aさん，Bさん，Cさんの3人が左から順番に一列に並ぶとき，並び方は何通りあるでしょう」．

A＜B－C／C－B　　B＜A－C／C－A　　C＜A－B／B－A　　より　6通り

そして上の図のように，起こりうるすべての場合を枝分かれするようにかき表したものを樹形図といいます．樹形図は重複やモレがなくかき表すときに便利です．しっかりかけるように練習しましょう．

2つのサイコロの問題

例「大小2つのサイコロを投げる場合，目の出方は全部で何通りあるか．」などのように「2つのサイコロ」の問題は，右のような表をかいて考えます．この問題の場合の数は6×6＝36（通り）です．

	1	2	3	4	5	6
1						
2						
3						
4						
5						
6						

確率

あることがらの起こりやすさ，または起こるだろうと予測される割合を表したものを確率といいます．確率は次の式で求め，分数で表すことが多いです．

$$確率\ (P) = \frac{求めることがらの起こる場合の数\ (a)}{起こりうる全体の場合の数\ (n)}$$

例 大小2つのサイコロの出た目の合計が4の倍数になる確率を求めなさい．

右の図から，4の倍数になるのは9通り（　印）です．

全体の場合の数は36通りなので，

4の倍数になる確率は $\frac{9}{36}=\frac{1}{4}$ となります．

	1	2	3	4	5	6
1	2	3	4	5	6	7
2	3	4	5	6	7	8
3	4	5	6	7	8	9
4	5	6	7	8	9	10
5	6	7	8	9	10	11
6	7	8	9	10	11	12

これだけは覚えよう！ 樹形図や表をかいて，起こりうる全体の場合の数（n）を数えよう．

樹形図と表を使いこなそう

▶次の問題に答えなさい.

	問題	
1	1つのサイコロを投げるとき, 目の出方は何通りあるか.	
2	1, 2, 3の3枚のカードがある. このうちの2枚を使ってできる2桁の整数は全部で何通りあるか.	
3	1, 2, 3, 4の4つの数字の中から異なる2つを使ってできる2桁の整数は全部で何通りあるか.	
4	1つのサイコロを投げるとき, 奇数の目が出る確率はどれくらいか.	
5	0, 1, 2, 3の4枚のカードがある. このうちの3枚を使ってできる3桁の整数は全部で何通りあるか.	
6	A君, B君, C君の3人が左から順番に一列に並ぶとき, A君が真ん中にくる確率はどれくらいか.	
7	A, B2つのサイコロを投げるとき, 出た目の数の合計が3の倍数になる確率はどれくらいか.	
8	トランプをよく切って1枚のカードをひく. このときハートのカードが出る確率はどれくらいか.	
9	10円, 50円, 80円, 90円切手が1枚ずつある. 1～4枚使ってできる異なる金額をすべて書け.	
10	袋の中に赤玉2つ, 白玉3つ, 黒玉3つ入っている. 1つ取り出すとき, 赤玉が出る確率はどれくらいか.	

ワンポイントアドバイス

❺は「0」で始まる場合は, 3桁にはならないので注意 (ひっかけ問題).

答え

❶6通り ❷6通り ❸12通り ❹$\frac{1}{2}$ ❺18通り ❻$\frac{1}{3}$ ❼$\frac{1}{3}$ ❽$\frac{1}{4}$ ❾10円, 50円, 60円, 80円, 90円, 100円, 130円, 140円, 150円, 170円, 180円, 220円, 230円(13通り) ❿$\frac{1}{4}$

31 確率
いろいろな確率と標本調査

いろいろな場合の数と確率の考え方

数学は時間との勝負です．次のように考えるとわかりやすく時間短縮につながります．

・硬貨の裏表の問題は○，×で表そう
・あたり，はずれの問題も○，×で表そう
・カードで桁数の多い数字を作る場合，一番頭には「0」はこない
・色玉の場合の数は玉に番号を振って考えよう
・「少なくとも1個が○色」⇒　○色が「1個以上」の意味⇒「○色が0個」の場合以外
・あることがらAが起こらない確率は，$1-p$　※pはことがらAが起こる確率

全数調査と標本調査

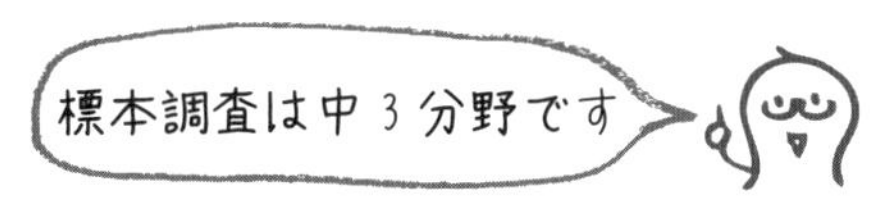

ある集団について何かを調べるとき，その集団のすべてについて調べることを全数調査といいます．国勢調査や健康診断，手荷物検査などで使われます．
一方，集団のすべてを調べるのではなく，集団から一部を取り出して調査し，全体の性質を推測することを標本調査といい，米の品質検査や初詣の参拝客数，テレビの視聴率などを調査するのに適しています．

母集団と標本

標本調査をするときに，特徴や傾向などの性質を調べたい集団全体のことを母集団といい，これに対して調査のために取り出した一部の資料などを標本といいます．また，取り出した資料の個数を標本の大きさといいます．

無作為抽出

標本調査では①母集団から標本を取り出す，②取り出した標本の性質を調査する，③その結果から母集団全体の性質を推測する，の順序で行います．
一番大切なのは偏り(かたよ)なく標本を選ぶことで，「無作為に抽出する」ことです．
無作為に抽出するため，以前は正二十面体の「乱数サイコロ」や「乱数表」がよく使われていましたが，最近では「表計算ソフト」などが使われることもあります．

これだけは覚えよう！　硬貨の裏表や，あたりはずれは○，×で表す．

標本調査は無作為抽出が可能かどうか判断する

▶次の問題に答えなさい. ❻〜❿はそれぞれ全数調査と標本調査のどちらが適しているかを答えなさい.

❶	2枚の硬貨を同時に投げて, 2枚とも表が出る確率はどれくらいか.	
❷	あたり2本, はずれ4本入っているくじを2回続けてひくとき, 少なくとも1回あたる確率はどれくらいか.	
❸	袋の中に赤玉1つ, 白玉2つ, 黒玉3つ入っている. 同時に2つ取り出すとき, 赤玉が出る確率はどれくらいか.	
❹	袋の中に赤玉2つ, 白玉3つ入っている. 同時に2つ取り出すとき, 少なくとも一つが赤玉である確率はどれくらいか.	
❺	0, 1, 2, 3, 4の5つの数字の中から異なる2つを使ってできる2桁の整数は何通りあるか.	
❻	全校生徒の健康診断	
❼	県民全体の睡眠時間	
❽	農作物100gあたりに含まれるビタミンの量	
❾	ある時間帯のテレビの視聴率	
❿	航空機に乗る前の手荷物検査	

ワンポイントアドバイス

❶〜❺は樹形図や表を書いて考えましょう.

答え

❶$\frac{1}{4}$ ❷$\frac{3}{5}$ ❸$\frac{1}{3}$ ❹$\frac{7}{10}$ ❺16通り ❻全数調査 ❼標本調査 ❽標本調査 ❾標本調査 ❿全数調査

32 データの活用 箱ひげ図とデータの活用

四分位数(しぶんいすう)と箱ひげ図

データの値を小さい順に並べ，中央値を境に前半部分と後半部分に分けたとき，前半部分の中央値を第1四分位数，データの値全体の中央値を第２四分位数．後半部分の中央値を第３四分位数といい，これらをあわせて四分位数といいます．最小値，四分位数，最大値を一つの図にまとめたものを箱ひげ図といいます．箱ひげ図に平均値を記入するときは「+」で表します．最大値から最小値をひいた差を範囲，第3四分位数から第1四分位数をひいた差を四分位範囲といい，データ全体の約半分の値が含まれます．

最小値	第1四分位数	中央値	第3四分位数	最大値
1	3	5.5	8	10

平均値
ひげ
箱
+
ひげ
1
3
5.5
8
10

中央値:データの値を大きさ順に並べたときの中央の値（第２四分位数）のことです．
データの個数が奇数個（$2n+1$）のときは（$n+1$）番目の値になります（nは自然数）．
データの個数が偶数個($2n$)のときはn番目と，（$n+1$）番目の平均になります．
第１四分位数，第3四分位数を求めるときは，第２四分位数は含めません．

データの個数が９（奇数）個の例

前半部分　後半部分
小←①②③④ ⑤ ⑥⑦⑧⑨→大
↑　⇑　↑
②③の平均 中央値 ⑦⑧の平均
第１四分位数 第２四分位数 第3四分位数

データの個数が１０（偶数）個の例

前半部分　後半部分
小←①②③④ ⑤⑥ ⑦⑧⑨⑩→大
↑　⇑　↑
第１四分位数 ⑤⑥の平均 第３四分位数
中央値(第２四分位数)

例題 部員１０人の数学の点数は低い順に35，45，47，56，69，71，72，76，89，90点だった．このデータの四分位数をすべて求めなさい．

データが10（偶数）個なので，全体の中央値が第２四分位数で，５番目69点と6番目71点の平均70点，第１四分位数は3番目の47点，第３四分位数は８番目の76点．

これだけは覚えよう！ (第３四分位数)－(第１四分位数) の値を四分位範囲といいデータ全体の約半分の値が含まれます．

「箱ひげ図から，データの大まかな分布状況が読み取れます」

▶次の問題に答えなさい．❶～❺は左ページの例題について答えなさい．

❶ データの範囲を答えなさい．	
❷ 四分位範囲を答えなさい．	
❸ 中央値を答えなさい．	
❹ データの平均値を求めなさい．	
❺ 平均値を箱ひげ図に記入するときに使う記号は？	
❻ データの値で，最も多く現れる値を何というか．	

次の箱ひげ図は生徒35人の1週間の勉強時間を表したものである．この図から読み取れるものに○印，この図では読み取れないものに×印をつけなさい．

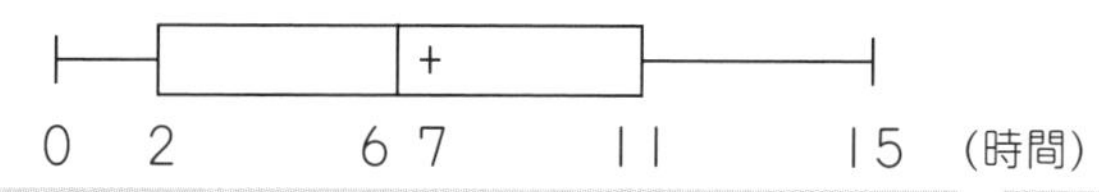

❼ 第一四分位数は2時間である．	
❽ 平均値は8時間である．	
❾ 四分位範囲は8時間である．	
❿ 過半数の生徒が1週間に5時間以上勉強している．	

ワンポイントアドバイス

❶（範囲）＝（最大値）－（最小値）❷（四分位範囲）＝（第3四分位数）－（第1四分位数）

答え

❶55点　❷29点　❸70点　❹65.0点　❺＋　❻最頻値　❼○　❽×（7時間）　❾×（9時間）　❿○

これだけマスター 中学2年

1 まとめ $2x$ や $3a^2$ のように数字や文字のかけ算だけの式を単項式，$2x-3a^2$ のように単項式を＋や－でつないだ式を多項式といい，多項式の計算では同類項をまとめて簡単にします．わり算はわる数の逆数をかけて $○\div\frac{1}{2}x=○\times\frac{2}{x}$ と計算します．

2 まとめ 「b について解きなさい」は，$b=$ ○の形にしなさいの意味．
等式変形の計算では，等式の性質Ⅰ～Ⅴを使って解きます．（P040 7 参照）

3 まとめ 連立方程式の解き方には，加減法，代入法，グラフから求めるの 3 つがあります．
ミスを減らすには，答えが出たら，確かめ算（検算）で確認することです．

4 まとめ 方程式で分数の計算は，両辺に分母の最小公倍数をかけて，分数をなくします．
小数を含む計算では両辺に 10 や 100 をかけて，整数だけにして計算します．
両辺に x や y があるとき，移項して文字は左辺に，右辺は数だけにします．
$A=B=C$ の問題では，$A=B$，$A=C$，$B=C$ から解きやすい 2 つを選びます．

5 まとめ 文章題を解くには，同じ性質のものどうし単位をそろえて式を立てます．
道のりと道のり，時間と時間どうし単位をそろえて求めます．
食塩水の問題は，食塩水全体の量どうし，食塩量と食塩量どうしで比べます．
濃度％を分数で表すとき，分母が 100 のまま途中で約分せず計算すると楽です．

6 まとめ 一次方程式は直線の式．一般式は $y=ax+b$，
a は傾きで，x の値がプラス方向に 1 動くと y の値が a 増えることです．
b は y 軸との交点が $(0,\ b)$ であることを表します．

7 まとめ 点（●，▲）と（○，△）を通る直線の式は，（△－▲）÷（○－●）で傾き a を求め，一般式に a の値と 1 点の座標を代入して b の値を求めると簡単です．
傾きは（y の増加量）÷（x の増加量）なので，（▲－△）÷（●－○）でも OK

8 まとめ 平行な直線は傾きが等しく，傾きが等しい直線は平行です．平行 ⇔ 傾き同じ
x 軸上で交わる，x 軸と交わる⇔ $y=0$ の意味
y 軸上で交わる，y 軸と交わる⇔ $x=0$ の意味

9 まとめ $y=ax+b$ と $y=cx+d$ の交点は，どちらの方程式も満たすから x，y ともに同じ値になるので，$ax+b=cx+d$ と置き（等置法といいます），x を求めてから y を求めます．【発展】$ac=-1$ のとき，2 直線は直角に交わります．（直交）

10 まとめ 2直線が平行なら同位角が等しく，同位角が等しければ2直線は平行，
2直線が平行なら錯角が等しく，錯角が等しければ2直線は平行です．
同位角はLLの関係，錯角はZの関係，対頂角はXの関係にあります．

11 まとめ 平行線と角の関係では， ※P064参照
（右向きの角➡の合計）＝（左向きの角⇦の合計）の関係にあります．

12 まとめ 三角形の内角の和は180°，直角三角形の直角（90°）以外の一つの角の大きさaがわかると，もう一つの角の大きさは，$(90-a)$度で計算できます．

13 まとめ 多角形の内角の和は一つの頂点から対角線をひいて三角形がいくつできるかを考えます．n角形は$(n-2)$個の三角形ができるので，n角形の内角の和は$180(n-2)$度となります．
【別解】外角の和は角数に関係なく360度，また（内角）＋（外角）＝180°より
$180n-360 \Rightarrow 180(n-2)$度となるのです．

14 まとめ 正n角形の一つの内角は$\frac{180(n-2)}{n}$で求めますが，正多角形はすべての内角が等しいので，まず360をnでわって一つの外角を求めます．その後，180から一つの外角を差し引けば，一つの内角が求められます．（単位省略）

15 まとめ 合同な図形の性質：合同な図形においては，
- 対応する辺はそれぞれ等しい
- 対応する角はそれぞれ等しい

三角形の合同条件
- 3組の辺がそれぞれ等しい
- 2組の辺とその間の角がそれぞれ等しい
- 1組の辺とその両端の角がそれぞれ等しい

16 まとめ 平行四辺形の【定義】向かい合う2辺はそれぞれ平行
【定理】
- 向かい合う2辺はそれぞれ等しい
- 向かい合う2角はそれぞれ等しい
- 対角線はそれぞれの中点で交わる
- 向かい合う1組の辺が平行で等しい

17 まとめ 証明問題は仮定，結論の両方から攻める（トンネルを掘る作業と同じ）
仮定 ⇔ 証明 ⇔ 結論

18 まとめ 場合の数：もれなく数えるには樹形図をかいて確認しよう．
2つのサイコロとくれば，タテ6本，ヨコ6本の線を書いて考えよう．

19 まとめ
- あたりはずれや表裏の問題は，あたり○，はずれ×，表○，裏×で表す．
- 色玉の問題は，玉に番号を振って考える．
- 「少なくとも1個が○色」⇒ ○色が0個の場合以外で考える．
- カードで何桁かの数字を作るとき，「0」は一番頭に来ない．

20 まとめ 箱ひげ図で，第3四分位数から第1四分位数をひいた差を四分位範囲といいます．
特に，四分位数で第2四分位数は中央値を表します．

チェックテスト

応用もガッチリ完成

次の問題に答えなさい。 ③，④は連立方程式を解きなさい。

問題1	$-2b+5a+6b-3a$ を計算しなさい．	
問題2	$40a=2(b+c)$ を c について解きなさい．	
問題3	$\begin{cases} x+y=5 \\ x-y=1 \end{cases}$	
問題4	$\begin{cases} 0.1x-0.2y=-0.3 \\ 0.03x-0.1y=-0.13 \end{cases}$	
問題5	3km 離れた駅まで最初は分速 70m で x 分歩き，毎分 150m で y 分走ったら 36 分で着いた．x，y の値を求めなさい．	
問題6	傾きが -3，y 軸との交点が $(0,\ -2)$ の直線の式を答えなさい．	
問題7	2 点 $(3,\ 3)$，$(4,\ 5)$ を通る直線の式を求めなさい．	
問題8	$y=2x-3$ に平行で，点 $(2,\ 7)$ を通る直線の式を答えなさい．	
問題9	直線 $y=2x+3$ と直線 $y=-3x-2$ の交点の座標を求めなさい．	
問題10	平行な 2 直線では○○角と□角が等しい．○○と□に入る漢字を答えなさい．	

ワンポイントアドバイス

5 道のり：$70x+150y=3000$，時間：$x+y=36$ の連立方程式を解きます．

サザンクロス	歩き	走り	合計
み（道のり）	$70x$	$150y$	3000
は（速さ）	70	150	—
じ（時間）	x	y	36

答え

1 $2a+4b$ 2 $c=20a-b$ 3 $(x,\ y)=(3,\ 2)$ 4 $(x,\ y)=(-1,\ 1)$
5 $x=30$，$y=6$【単位不要】 6 $y=-3x-2$ 7 $y=2x-3$ 8 $y=2x+3$
9 $(x,\ y)=(-1,\ 1)$ 10 ○○＝同位，□＝錯

次の問題に答えなさい.

11 問題 十二角形の内角の和は何度になるか答えなさい.	
12 問題 正二十角形の一つの内角の大きさを答えなさい.	
13 問題 一つの内角が 135 度の正多角形は何角形か，答えなさい.	
14 問題 三角形の合同条件をすべて答えなさい.	
15 問題 二等辺三角形になることを証明する問題で，何が等しければ二等辺三角形といえるか，すべて答えなさい.	
16 問題 直角三角形は斜辺ともう一つ，何が等しければ合同になるか．すべて答えなさい.	
17 問題 平行四辺形のうち，対角線が直角に交わる図形は何か，すべて答えなさい.	
18 問題 A，B がジャンケンを 3 回する．1 回目に A が勝つ確率を答えなさい．また，A が 3 回連続して勝つ確率を答えなさい.	
19 問題 [0] [1] [2] [3] の数字を書いたカードが 1 枚ずつあります．このカードを使って 2 桁の数字はいくつできるか.	
20 問題 A 組 30 人と B 組 31 人の身長を小さい順に並べた表がある．おのおのの組の中央値は，何番目の生徒の値になるか.	

ワンポイントアドバイス

12 一つの外角は 360°÷20 になります．　13 内角が 135° なら，外角は 45° と考えると速く正解に辿りつきます．　15 何を言えば二等辺三角形といえるか，と逆算して考えればいいです．　18 グーは G，チョキは C，パーは P，○×以外に引き分け△も．　19 0 は（一番頭の）十の位には来ません.

答え

11 1800°　12 162°　13 正八角形　14 3 組の辺がそれぞれ等しい，2 組の辺とその間の角がそれぞれ等しい，1 組の辺とその両端の角がそれぞれ等しい　15 2 角が等しい，2 辺が等しい　16 （他の）1 辺が等しい，1 つの鋭角が等しい　17 ひし形と正方形　18 $\frac{1}{3}$，$\frac{1}{27}$　19 9 個　20 A 組 15 番目と 16 番目の生徒の平均値，B 組 16 番目の生徒の値

地球は，丸くて大きなピラミッド！

【球の表面積と体積】

地球を巨大な円形ピラミッドと考えます．
(**概略イメージ図1**参照) 上空から見ると水平部分が一つの円に見えますね (図2)．図では北半球だけですが，南半球も同じように見えるはずなので下からも一つの円に見えます．

次に正面から見ると垂直部分 (図3) だけが見えます．図は前面だけですが，裏面からも同じように見えます．実際には段差は限りなく小さくどれも重複していないので，地球の表面積は上と下，正面と裏の4つの円に見えます．このように考えると，球の表面積Sは図4のように円が4つ分となり，$S=\boldsymbol{4\pi r^2}$になることがわかります．

また球は図5のように「**多くの角錐の集合体**」と考えることもできます，1つの角錐の底面積をsと置くと高さは半径rなので，角錐一つ分の体積は$\frac{1}{3}sr$になります．これをくり返していき，すべての角錐の底面積を合わせると球の表面積 ($\boldsymbol{4\pi r^2}$) になり，sを$4\pi r^2$に置きかえて，球の体積 (V) は$\boldsymbol{V=\frac{4}{3}\pi r^3}$になるとわかるのです．

【覚え方】表面積 (S) は【心配有るの事情】，
体積 (V) は【身の上の心配有るの惨状】

図1

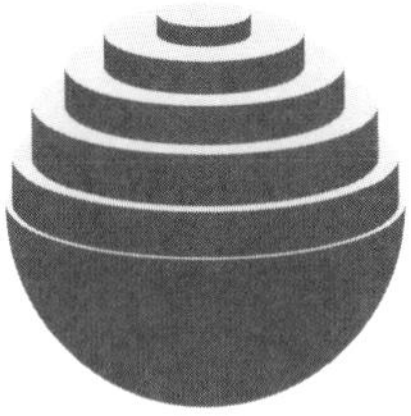

図2

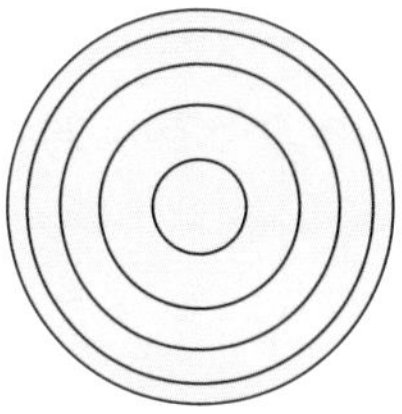

図3

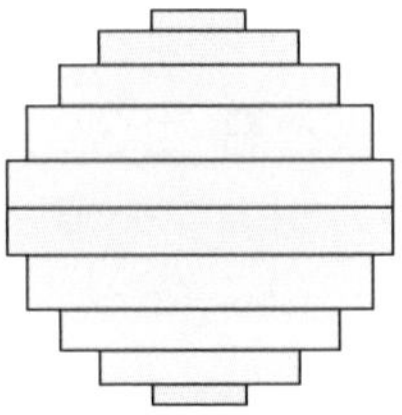

図4

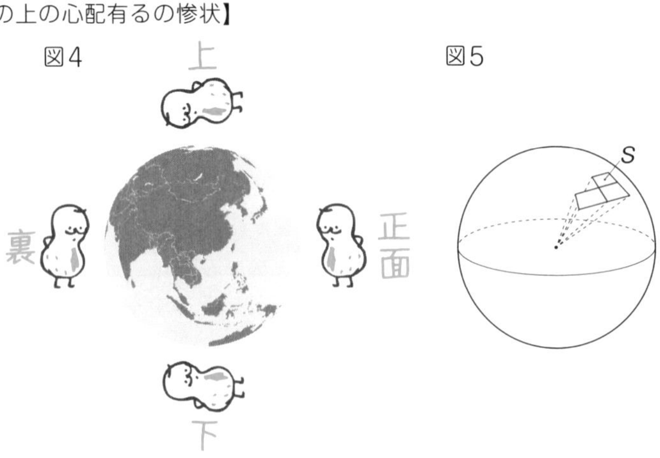

図5

【P044の答え】
・18歳ちょうどは選挙権がある
・日本橋，三条大橋も含む
・140cmちょうどはOK
・1000円は含む
・60点は含まない
・仙台は含む

中学3年

中学3年の数学 攻略のポイント

・式の展開と因数分解は併せて覚えよう！

・平方根は＋と−，2つある．

・関数 $y=ax^2$ では変域に気をつけよう！

・相似条件と合同条件を混同しない！

・図形は比と三平方の定理を使いこなそう！

33 乗法公式
式の展開方法

分配法則

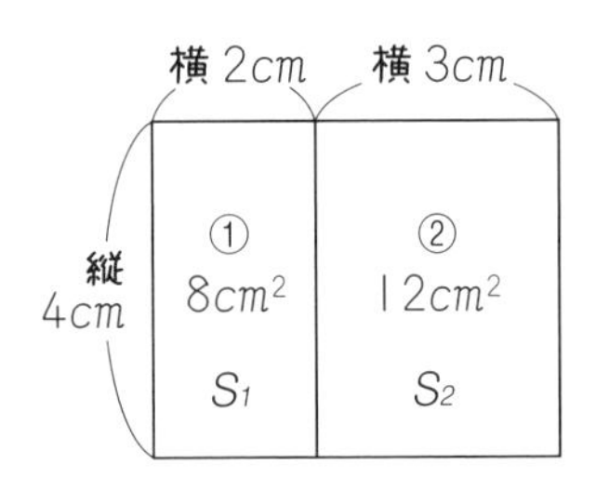

長方形①＋長方形②の面積の求め方

長方形①の面積　$S_1 = 4 \times 2 = 8$

長方形②の面積　$S_2 = 4 \times 3 = 12$

【方法1】　$S = 4 \times 2 + 4 \times 3$

$= 8 + 12 = 20(\mathrm{cm}^2)$

【方法2】　$S = 4 \times (2+3)$…横をまとめる

$= 4 \times 5 = 20(\mathrm{cm}^2)$

長方形①の縦を$a$cm，横を$b$cm，長方形②の縦を$a$cm，横を$c$cmとすると，
長方形①＋長方形②の面積は，$ab + ac = a(b+c)$　となります．
このような計算の工夫を分配法則といいます．

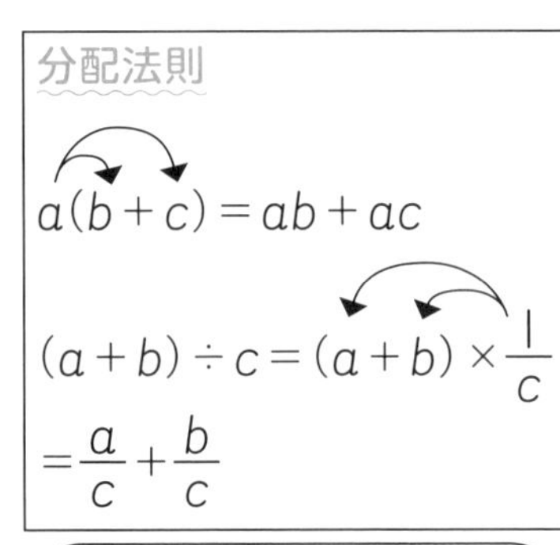

多項式の計算

①単項式×多項式⇒分配法則を使って計算します．

例　$3a \times (2a+b) = 6a^2 + 3ab$

②多項式÷単項式⇒多項式×（単項式の逆数）に直して計算します．

例　$(4a^2 + 2a) \div 2a = 2a + 1$

③多項式×多項式⇒式を展開して計算します．

例　$(a+2b)(a-3b)$

$= a^2 - 3ab + 2ab - 6b^2$

$= a^2 - ab - 6b^2$

展開とはカッコをはずすこと（同類項をまとめた多項式の形で表すこと）です．

$(a+b)(c+d) = \underset{①}{ac} + \underset{②}{ad} + \underset{③}{bc} + \underset{④}{bd}$

このように分けて考えるとよくわかります．

指数の計算

・$x^3 \times x^2$

$= x \times x \times x \times x \times x$

$= x^{3+2} = x^5$

・$(x^3)^2 = x^3 \times x^3$

$= x^{3 \times 2}$

$= x^6$

・$x^3 \div x^2$

$= \frac{x \times x \times x}{x \times x} = x$

これだけは覚えよう！　分配法則　$a(x+y) = ax + ay$

「$(a+b)\div c=\frac{a}{c}+\frac{b}{c}$」

▶次の問題❶～❺に答えなさい．❻～❿を計算しなさい．

❶	長方形の縦の長さがx，横の長さが$x+2$のとき，この長方形の面積Sを求めなさい．	$S=$
❷	❶の問題で$x=5$とすると面積Sはいくつか．	$S=$
❸	半径rの円の面積Sを求めなさい．	$S=$
❹	❸の半径を2伸ばしたときの面積Sはいくつか．	$S=$
❺	半径を4とすると❸と❹の面積の差はいくつか．	
❻	$2x(x+5)$	
❼	$(3x^3+12x)\div 3x$	
❽	$(a+2b)(c+3d)$	
❾	$(2x+1)(x+1)$	
❿	$(x-5)(3x-2)$	

ワンポイントアドバイス

多項式÷単項式＝多項式×（単項式の逆数）に直して計算

❼は約分，❾，❿は同類項をまとめることを忘れずに．

答え

❶x^2+2xまたは$x(x+2)$　❷35　❸πr^2　❹$\pi(r+2)^2$　❺$20\pi$　❻$2x^2+10x$　❼x^2+4

❽$ac+3ad+2bc+6bd$　❾$2x^2+3x+1$　❿$3x^2-17x+10$

34 乗法公式 式の展開の公式

乗法公式

①$(x+a)(x+b)=x^2+(a+b)x+ab$　（$a+b$：和，ab：積）　例 $(x+2)(x+6)=x^2+8x+12$

②$(a+b)^2=a^2+2ab+b^2$　和の平方　例 $(x+3)^2=x^2+6x+9$

　$(a-b)^2=a^2-2ab+b^2$　差の平方　例 $(x-3)^2=x^2-6x+9$

③$(a+b)(a-b)=a^2-b^2$　例 $(x+2)(x-2)=x^2-4$

和と差の積は平方の差

いろいろな式の展開の工夫

・$(5+x)(3-x)=(x+5)(-x+3)=-(x+5)(x-3)$

・$3(x+3)^2-(x+2)(x-4)$
$=3(x^2+6x+9)-(x^2-2x-8)$
$=3x^2+18x+27-x^2+2x+8$
$=2x^2+20x+35$

符号ミスが非常に多いので，
$-(\quad)(\quad)$の形は，まず
$-(\quad)$の形に直します．
めんどうでもミスを防ぐため
省略しないで書きましょう！

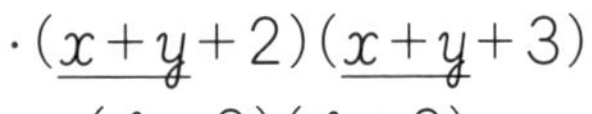

・$(x+y+2)(x+y+3)$
$=(A+2)(A+3)$
$=A^2+5A+6$
$=(x+y)^2+5(x+y)+6$
$=x^2+2xy+y^2+5x+5y+6$

$x+y=A$とおきます．
Aをもとの式にいれます．
Aを$x+y$にもどします．
おいもの法則

数学としてのルールではありませんが，
この順で並べて書くときれいに見えます．

項を並べる順序
多項式は，①次数の高い順，②アルファベット順に並べて書きます．

これだけは覚えよう！
和と差の積は平方の差
$(a+b)(a-b)=a^2-b^2$　はよく出てきます．

「おいて，いれて，もどす　おいもの法則」

▶次の計算をしなさい．

❶ $(x+2)(x-3)$	
❷ $(x+y)(x+2y)$	
❸ $(x+4)^2$	
❹ $(x-7)^2$	
❺ $(2x-1)(2x+1)$	
❻ $(7-x)(5+x)$	
❼ $-3(x-5)(x+2)$	
❽ $(x+3)^2-2x(x-4)$	
❾ $3(x+2)^2-(x-5)(x+6)$	
❿ $(x+y+1)(x+y-1)$	

ワンポイントアドバイス

乗法公式の和と差の積　$\Rightarrow (a+b)(a-b)=a^2-b^2$　はよく使うので覚えよう．
❻は－を前に出して　$-(x-7)(x+5)$，❿はおいもの法則で．

答え
❶x^2-x-6　❷$x^2+3xy+2y^2$　❸$x^2+8x+16$　❹$x^2-14x+49$　❺$4x^2-1$　❻$-x^2+2x+35$
❼$-3x^2+9x+30$　❽$-x^2+14x+9$　❾$2x^2+11x+42$　❿$x^2+2xy+y^2-1$

35 因数分解
因数分解の基本知識

有理数と無理数，有限小数，循環小数

分数で表すことができる数を有理数，分数で表すことができない数を無理数といいます．また，0.5のように，終わりのある小数を有限小数，1.4142…のように果てしなく続く小数を無限小数といい，無限小数のうち，決まった数が同じ順序でくり返されるような小数を循環小数といいます．循環小数はくり返される部分のはじめと終わりの数字の上に・をつけて表します．　例 $0.1212\cdots=0.\dot{1}\dot{2}$

因数分解

数や式がいくつかの積の形で表されるとき，その1つ1つを，もとの数や式の因数といい，多項式をいくつかの因数の積の形で表すことを，因数分解するといいます．

例 $6=2\times3$　…2と3は6の因数

$x^2+5x+6=(x+2)(x+3)$

$x+2$，$x+3$はx^2+5x+6の因数

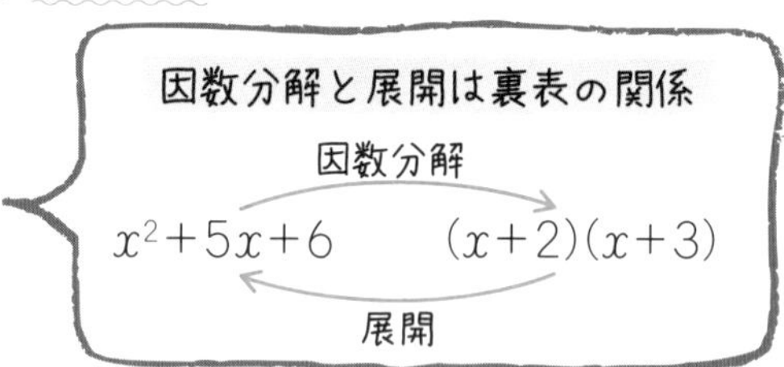

乗法公式の利用

P088 34で使った乗法公式を逆に使って因数分解をしましょう．

① $a^2-b^2=(a+b)(a-b)$　例 $x^2-4=(x+2)(x-2)$

② $a^2+2ab+b^2=(a+b)^2$　例 $x^2+6x+9=(x+3)^2$

$a^2-2ab+b^2=(a-b)^2$　例 $x^2-6x+9=(x-3)^2$

③ $x^2+(a+b)x+ab=(x+a)(x+b)$

例 $x^2+8x+12=(x+2)(x+6)$

↑プラスのときは和

和 2+6　積 2×6

積が12になる2つの因数に分け，和が8になるものを探しましょう

積12	1と12	2と6	3と4
和　8	×	○	×

例 $x^2-4x-12=(x+2)(x-6)$

↑マイナスのときは差

差 2−6　積 2×6

積が12になる2つの因数に分け，差が4になるものを探しましょう

積12	1と12	2と6	3と4
差　4	×	○	×
xの係数の符号−を大きい数6につけます			

乗法公式は3つとも覚えよう．

因数分解と展開は裏表の関係

▶❶❷は素因数分解，❸～❿は因数分解しなさい．

❶ 144	
❷ 450	
❸ x^2+4x+4	
❹ x^2-5x+6	
❺ x^2-5x-6	
❻ a^2+a-6	
❼ x^2-8x-9	
❽ $x^2+2xy+y^2$	
❾ $b^2+15b+36$	
❿ x^2-16	

ワンポイントアドバイス

❶～❷の素因数分解は偶数ならまず2でわりましょう．

答え

❶$2^4\times3^2$　❷$2\times3^2\times5^2$　❸$(x+2)^2$　❹$(x-2)(x-3)$　❺$(x+1)(x-6)$　❻$(a+3)(a-2)$
❼$(x+1)(x-9)$　❽$(x+y)^2$　❾$(b+3)(b+12)$　❿$(x+4)(x-4)$

36 因数分解 因数分解の方法

因数分解の手順

①多項式をax^2+bx+cに整理する

⇓

②共通因数をくくり出す
（ない場合もあります）

⇓

③乗法公式を使用する

共通因数をくくり出すことは分配法則の逆と考えます。

$ab+ac=a(b+c)$

例
$2x(x+5)+12$
$=2x^2+10x+12$
⇓
$=2(x^2+5x+6)$
⇓
$=2(x+2)(x+3)$

共通因数がない場合もあります。
また，多項式が共通因数の場合もあります。

乗法公式を使う因数分解の見分け方

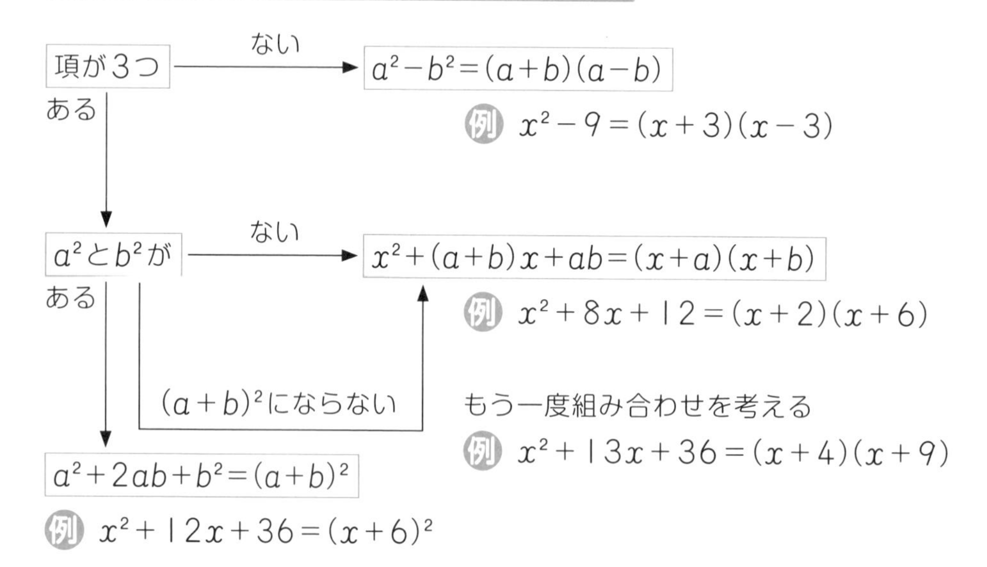

これだけは覚えよう！ 因数分解は①ax^2+bx+cに整理，②共通因数をくくり出す，③乗法公式を使用。

「共通因数をさがし，くくり出す．$ab+ac=a(b+c)$」

▶次の式を因数分解しなさい．

❶ $x(x-7)+2(x-3)$	
❷ $x^2-8(x-2)$	
❸ $4(x^2+y^2)+5(x^2-y^2)$	
❹ $2x^2+28x+98$	
❺ x^3-7x^2-60x	
❻ $3x^2-27$	
❼ $5ax+15ay$	
❽ $25x^2-100y^2$	
❾ $\pi r^2+\pi \ell r$	
❿ $6xy^2-12xyz+3xy$	

ワンポイントアドバイス

❶～❸はまず　ax^2+bx+c　の形に整理しましょう．

答え

❶$(x+1)(x-6)$　❷$(x-4)^2$　❸$(3x+y)(3x-y)$　❹$2(x+7)^2$　❺$x(x+5)(x-12)$
❻$3(x+3)(x-3)$　❼$5a(x+3y)$　❽$25(x+2y)(x-2y)$　❾$\pi r(r+\ell)$　❿$3xy(2y-4z+1)$

37 因数分解 式の利用

平方数の作り方

平方数（$○^2=○\times○$の形）を作る問題では素因数分解をして，
２乗になっていない素因数と同じ数をかける（わる）ことにより平方数を作ります．

例 $60=2^2\times\underline{3\times5}$
- 3×5をかけると30の２乗　$2^2\times3^2\times5^2=30^2$
- 3×5でわると2の２乗　$2^2\times\dfrac{3\times5}{3\times5}=2^2$

文字の置き換えによる因数分解（おいもの法則）

因数分解では，展開をしなくてもそのまま因数分解できる場合があります．

例
$(x-2)^2-6(x-2)+9$ … $x-2$を１つのかたまりAと　おきます
$=A^2-6A+9$ … Aをもとの式に　いれます（代入）
$=(A-3)^2$ … Aを$x-2$に　もどします
$=(x-2-3)^2=(x-5)^2$

式の計算の利用

乗法公式や因数分解の公式を利用すると，計算が簡単にできる場合があります．

①（数）^{2}－（数）^{2} ⇒　因数分解　$a^2-b^2=(a+b)(a-b)$を利用します．

例 $35^2-15^2=(35+15)(35-15)=50\times20=1000$

②（数）×（数）⇒　乗法公式　$(a+b)(a-b)=a^2-b^2$を利用します．

例 $52\times48=(50+2)(50-2)=50^2-2^2=2500-4=2496$

③（数）^{2}　⇒　乗法公式　$(a\pm b)^2=a^2\pm2ab+b^2$を利用します．

例 $49^2=(50-1)^2=50^2-2\times50\times1+1^2=2500-100+1=2401$

式の値を求めるときは，展開や因数分解を使って，式を整理してから数を代入します．

例 $x=6$，$y=-3$のとき，$x^2+3xy+2y^2$の値を求めよ．
$x^2+3xy+2y^2=(x+y)(x+2y)=(6-3)(6-6)=0$

これだけは覚えよう！ 数の計算や式の値を求めるときは工夫できないか考えましょう．

ヒント!

「式の値を求めるときは，まず式を整理してから数を代入します」

▶次の問題に答えなさい．また❹〜❼は工夫して計算しなさい．

❶ 150になるべく小さな整数をかけて，整数の平方にしたい．どんな数をかければいいか．

❷ 84を素因数分解しなさい．

❸ 84をなるべく小さい整数でわって，整数の平方にしたい．どんな数でわればいいか．

❹ 37^2-13^2

❺ 98^2

❻ 103×97

❼ $9^2-8^2+7^2-6^2+5^2-4^2$

❽ $x=18$，$y=17$のときx^2-y^2の値を求めなさい．

❾ $x=3$，$y=2$のとき$x^2+5xy+6y^2$の値を求めなさい．

❿ $(x+3)^2-2(x+3)+1$を因数分解しなさい．

ワンポイントアドバイス

❺$(100-2)^2$，❻$(100+3)(100-3)$，❼$(9^2-8^2)+(7^2-6^2)+(5^2-4^2)$のように変形して考えましょう．

答え

❶6　❷$84=2^2\times3\times7$　❸21　❹1200　❺9604　❻9991　❼39　❽35　❾63　❿$(x+2)^2$

38 平方根

平方根はババ抜き

平方根は＋と－の2つある

2の平方（2乗）は4です．逆に，2乗すると4になる数の2と－2（2乗する前の数）を，4の平方根といいます．この平方根を表す記号を根号といい，$\sqrt{\ }$（ルートと読みます）と書きます．

平方根		2乗した数
± 2	⟷	4
$\pm\sqrt{6}$	⟷	6
$\pm\sqrt{a}$	⟷	a

根号のルール（aを正の数とするとき）

① $\sqrt{a^2}=a$，$-\sqrt{a^2}=-a$
　$\sqrt{(-a)^2}=a$

② $(\sqrt{a})^2=a$，$(-\sqrt{a})^2=a$

例 $\sqrt{16}=\sqrt{4^2}=4$，$-\sqrt{16}=-\sqrt{4^2}=-4$
　$\sqrt{(-3)^2}=\sqrt{9}=\sqrt{3^2}=3$

例 $(\sqrt{7})^2=7$，$(-\sqrt{5})^2=5$

平方根はババ抜キ

$a>0$，$b>0$のとき，$\sqrt{a^2b}=a\sqrt{b}$

例 $\sqrt{12}=\sqrt{2\times2\times3}=2\times\sqrt{3}=2\sqrt{3}$

逆

$a\sqrt{b}=\sqrt{a^2b}$

例 $2\sqrt{3}=\sqrt{2^2\times3}=\sqrt{12}$

平方根の大小（a，bを正の数とするとき）

$a<b$ならば$\sqrt{a}<\sqrt{b}$かつ$a^2<b^2$

平方根と整数の大小を比べるときは，すべて2乗した数どうしで比べましょう．

例 3と$\sqrt{5}$の場合
$3^2=9$，$(\sqrt{5})^2=5$
より　$9>5$
なので　$3>\sqrt{5}$

これだけは覚えよう！ 平方根は＋と－，2つある．

ヒント!

平方根はババ抜き，2つそろうと外（前）に出せる

▶次の問題に答えなさい．

❶ 5の平方根を答えなさい．	
❷ $-(\sqrt{3})^2$を求めなさい．	
❸ $\sqrt{(-8)^2}$を求めなさい．	
❹ $\sqrt{\frac{4}{25}}$を求めなさい．	
❺ $\sqrt{18}$を$a\sqrt{b}$の形に変形しなさい．	
❻ $\sqrt{24}$を$a\sqrt{b}$の形に変形しなさい．	
❼ $\sqrt{48}$を$a\sqrt{b}$の形に変形しなさい．	
❽ $\sqrt{60}$を$a\sqrt{b}$の形に変形しなさい．	
❾ 3と$\sqrt{3}$と$\frac{1}{3}$の大小関係を表しなさい．	
❿ $\sqrt{2}$と$\sqrt{3}$と$\frac{3}{2}$と$\frac{2}{3}$の大小関係を表しなさい．	

ワンポイントアドバイス

aを正の数とするとき，❷は$-(\sqrt{a})^2=-a$，❸は$\sqrt{(-a)^2}=\sqrt{a^2}=a$　の区別に気をつけよう！

答え

❶$\pm\sqrt{5}$　❷-3　❸$8$　❹$\frac{2}{5}$　❺$3\sqrt{2}$　❻$2\sqrt{6}$　❼$4\sqrt{3}$　❽$2\sqrt{15}$　❾$\frac{1}{3}<\sqrt{3}<3$

❿$\frac{2}{3}<\sqrt{2}<\frac{3}{2}<\sqrt{3}$

39 平方根
根号を含む式の計算

$\sqrt{\ }$ の計算

①平方根のかけ算，わり算（a，bを正の数とするとき）

かけ算やわり算ではルートの中どうし，外どうしを計算します．

かけ算　$\sqrt{a}\times\sqrt{b}=\sqrt{ab}$，

例　$2\sqrt{2}\times2\sqrt{3}$

$=2\times2\times\sqrt{2}\times\sqrt{3}=4\sqrt{6}$

わり算　$\sqrt{a}\div\sqrt{b}=\dfrac{\sqrt{a}}{\sqrt{b}}=\sqrt{\dfrac{a}{b}}$

例　$4\sqrt{6}\div2\sqrt{2}=\dfrac{4\sqrt{6}}{2\sqrt{2}}=2\sqrt{\dfrac{6}{2}}=2\sqrt{3}$

②平方根のたし算，ひき算

$2x+5x=7x$と同じように，$\sqrt{\ }$ の中の数が同じ項をまとめます．

$\sqrt{\ }$ の中をまず簡単にしてから計算しましょう．

例　$\sqrt{18}-\sqrt{2}=3\sqrt{2}-\sqrt{2}=(3-1)\sqrt{2}=2\sqrt{2}$

$3\sqrt{2}-\sqrt{2}=3$ はまちがい．文字式と同様　$3x-x=2x$

分母の有理化

分母に$\sqrt{\ }$ を含まない形にすることを分母の有理化といいます．

分母と分子に同じ数をかけ，分母のルートをはずしましょう．

例　$\dfrac{\sqrt{3}}{\sqrt{2}}=\dfrac{\sqrt{3}}{\sqrt{2}}\times\dfrac{\sqrt{2}}{\sqrt{2}}$

$=\dfrac{\sqrt{3}\times\sqrt{2}}{\sqrt{2}\times\sqrt{2}}\quad=\dfrac{\sqrt{6}}{2}$

分母と分子が同じ数は1になる数なので分母と分子に同じ数をかけても大きさは変わりません．

$\dfrac{\sqrt{2}}{\sqrt{2}}=1\qquad\dfrac{\sqrt{3}}{\sqrt{3}}=1$

乗法公式と因数分解

文字式と同じ要領で計算します．$(\sqrt{\ }\ )^2$になったときは$\sqrt{\ }$ をはずすのを忘れないように！

$(a\pm b)^2=a^2\pm2ab+b^2$

例　$(\sqrt{2}-1)^2=(\sqrt{2})^2-2\sqrt{2}+1=2+1-2\sqrt{2}=3-2\sqrt{2}$

これだけは覚えよう！　$\sqrt{\ }$ の部分は文字と考えて計算します．

$\sqrt{}$の中は最も小さな整数にします

▶次の計算をしなさい.（分母は有理化して答えること）

1. $5\sqrt{2}-3\sqrt{3}-2\sqrt{2}+\sqrt{3}$
2. $\sqrt{32}-\sqrt{8}$
3. $\sqrt{3}\times 2\sqrt{3}$
4. $-\sqrt{10}\times 3\sqrt{5}$
5. $4\sqrt{30}\div 2\sqrt{3}$
6. $\sqrt{6}(\sqrt{2}-\sqrt{3})$
7. $\dfrac{\sqrt{45}}{\sqrt{3}}\times\dfrac{2}{\sqrt{6}}$
8. $\dfrac{1}{\sqrt{2}}$の分母を有理化しなさい.
9. $\dfrac{10}{\sqrt{5}}+3\sqrt{5}$
10. $(4-\sqrt{3})^2$

ワンポイントアドバイス

❾はまず分母を有理化しましょう. ❿は, 文字式と同じ要領で計算します.

答え

❶ $3\sqrt{2}-2\sqrt{3}$ ❷ $2\sqrt{2}$ ❸ 6 ❹ $-15\sqrt{2}$ ❺ $2\sqrt{10}$ ❻ $2\sqrt{3}-3\sqrt{2}$ ❼ $\sqrt{10}$ ❽ $\dfrac{\sqrt{2}}{2}$
❾ $5\sqrt{5}$ ❿ $19-8\sqrt{3}$

40 二次方程式
二次方程式の基本知識

二次方程式の一般形

$ax^2+bx+c=0(a \neq 0)$

移項して整理すると，(2次式)＝0の形に変形できる方程式を，二次方程式といいます．
二次方程式の解は2つが基本です．

二次方程式の解き方

数を共通因数にもつときは，その数で両辺をわってから解きます．

例 $4x^2=16 \Rightarrow x^2=4$

数を共通因数に持つ
両辺を共通因数でわる
xの項なし ($b=0$) → 平方根
xの項あり ($b \neq 0$) → 因数分解

①xの項がない($b=0$の)とき ⇒ 平方根
②xの項がある($b \neq 0$の)とき ⇒ 因数分解

①平方根による解き方（xの項がないとき･･･数の項は右辺へ）

$\cdot ax^2=k$のとき ⇒ $x^2=\dfrac{k}{a} \Rightarrow x=\pm\sqrt{\dfrac{k}{a}}$

例 $4x^2=3 \Rightarrow x^2=\dfrac{3}{4} \Rightarrow x=\pm\dfrac{\sqrt{3}}{2}$

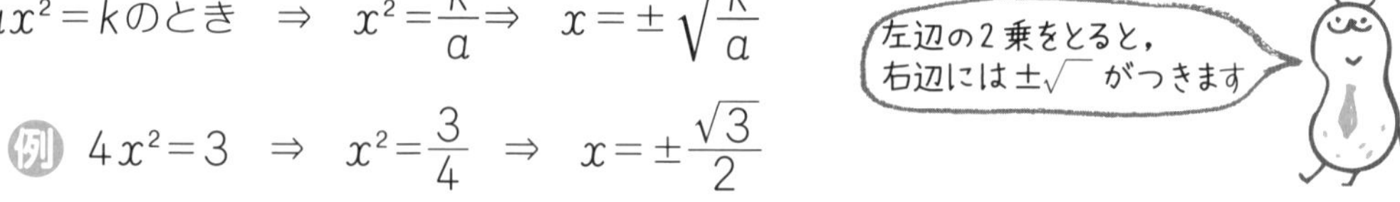

$\cdot(x+m)^2=n$のとき ⇒ $x+m=\pm\sqrt{n} \Rightarrow x=-m\pm\sqrt{n}$

例 $(x-2)^2=6 \Rightarrow x-2=\pm\sqrt{6} \Rightarrow x=2\pm\sqrt{6}$

②因数分解を利用した解き方（$b \neq 0$のとき･･･数の項も左辺へ）

左辺を因数分解して，$(x-m)(x-n)=0$の形に変形させます．
ということは $x-m=0$または$x-n=0$なので$x=m, n$ になります(解は2つ)．

例 $x^2+4x=5$
$x^2+4x-5=0$
$(x-1)(x+5)=0$
$x-1=0$ または $x+5=0$　$x=1, -5$

例 $x^2-6x+9=0$
$(x-3)^2=0$
$x-3=0$
$x=3$

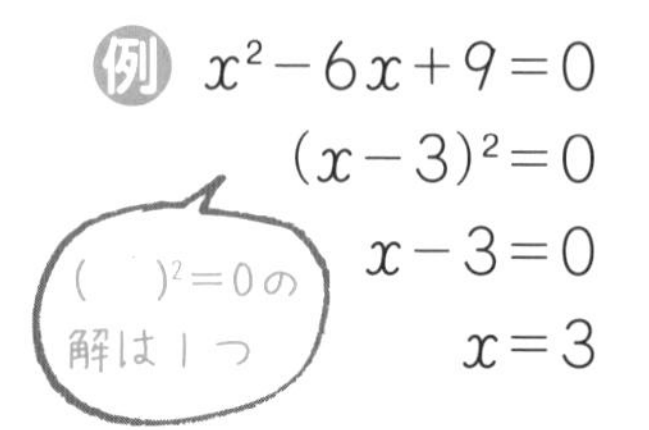

これだけは覚えよう！ xの項がないとき ($b=0$) は平方根，
あるとき ($b \neq 0$) は因数分解.

「xの項がない→平方根（数の項は右辺）
ある→因数分解（数の項も左辺）」

▶次の二次方程式を解きなさい．

❶ $x^2+3x=0$	
❷ $x^2-64=0$	
❸ $x^2-9x+20=0$	
❹ $x^2+8x+16=0$	
❺ $9x^2=81$	
❻ $2x^2=50$	
❼ $2x^2-36=0$	
❽ $x^2-2x-15=0$	
❾ $(x+7)^2=9$	
❿ $(x-3)^2=5$	

ワンポイントアドバイス

❺，❻，❼，❾，❿は平方根の利用，❶，❸，❹，❽は因数分解，❷はどちらでもOK

答え

❶$x=0,\ -3$　❷$x=\pm8$　❸$x=4,\ 5$　❹$x=-4$　❺$x=\pm3$　❻$x=\pm5$　❼$x=\pm3\sqrt{2}$
❽$x=5,\ -3$　❾$x=-4,\ -10$　❿$x=3\pm\sqrt{5}$

41 二次方程式 いろいろな二次方程式の解き方

因数分解できないとき

xの項があるのに因数分解できない，$x^2-6x=-2$のような二次方程式の解き方を次のように2つ説明します．どちらで解いても結果は同じになります．
（まず因数分解で解けないかどうかを確かめてからこれらの方法で解きましょう．）

平方完成（平方根による解き方）

平方完成は$(x-○)^2=△$のような形に直して，平方根で解く方法です．

例

$$x^2-6x=-2$$
$$x^2-6x+9=-2+9$$
$$(x-3)^2=7$$
$$x-3=\pm\sqrt{7}$$
$$x=3\pm\sqrt{7}$$

xの係数を半分にして，
2乗した値を両辺に加える

6の半分の3を2乗した
9を両辺に加える．

解の公式

解の公式に数を代入することで方程式の解を求める方法もあります．
二次方程式$ax^2+bx+c=0$の解を求める公式は

$$x=\frac{-b\pm\sqrt{b^2-4ac}}{2a}$$

例 $x^2-6x+2=0$

$$x=\frac{-(-6)\pm\sqrt{(-6)^2-4\times1\times2}}{2\times1}$$
$$x=\frac{6\pm\sqrt{28}}{2}=\frac{\overset{3}{\cancel{6}}\pm\overset{1}{\cancel{2}}\sqrt{7}}{\underset{1}{\cancel{2}}}$$
$$x=3\pm\sqrt{7}$$

約分するときは全部を同じ数でわること．

二次方程式の解の公式　$x=\dfrac{-b\pm\sqrt{b^2-4ac}}{2a}$　を覚えよう．

平方完成はxの係数の半分の2乗を両辺に加える

▶次の二次方程式を解きなさい.

❶ $x^2-2x-6=0$	
❷ $x^2=4x-3$	
❸ $x^2=-2x+8$	
❹ $x^2+4=4x$	
❺ $x(x-1)-2=0$	
❻ $-4x^2-24x+18=0$	
❼ $x^2-4(x-2)^2=0$	
❽ $(x+1)^2-4x=0$	
❾ $4x^2-4x-5=0$	
❿ $x^2-4x-6=0$	

ワンポイントアドバイス

❻, ❾のようにx^2の係数が「1」でないときは，解の公式を使うと楽です.

答え

❶ $x=1\pm\sqrt{7}$　❷ $x=3, 1$　❸ $x=-4, 2$　❹ $x=2$　❺ $x=-1, 2$　❻ $x=\frac{-6\pm3\sqrt{6}}{2}\left(-3\pm\frac{3\sqrt{6}}{2}\right)$

❼ $x=\frac{4}{3}, 4$　❽ $x=1$　❾ $x=\frac{1\pm\sqrt{6}}{2}\left(\frac{1}{2}\pm\frac{\sqrt{6}}{2}\right)$　❿ $x=2\pm\sqrt{10}$

42 関数
$y=ax^2$の基本

関数$y=ax^2$と比例定数

xの値が2倍，3倍になると，yの値が2^2倍，3^2倍になる関係をyはxの2乗に比例するといい，この関係は　一般的に$y=ax^2$（$a \fallingdotseq 0$）で表し，定数aを比例定数といいます．
例えば$y=ax^2$のグラフが点（1，3）を通るとき，$3=a\times 1^2$より，$a=3$となります．
このようにして比例定数aを求めます．

$y=ax^2$のグラフ

いくつかのxの値を選び，対応するyの値を求め，座標を求めます．それらの点を結ぶと滑らかな曲線（放物線）となります．中学で習う放物線は「$x=0$のとき$y=0$で，xの絶対値が同じなら，yの値は同じ」で，原点Oを通りy軸について左右対称になります．

$y=ax^2$のグラフの特徴

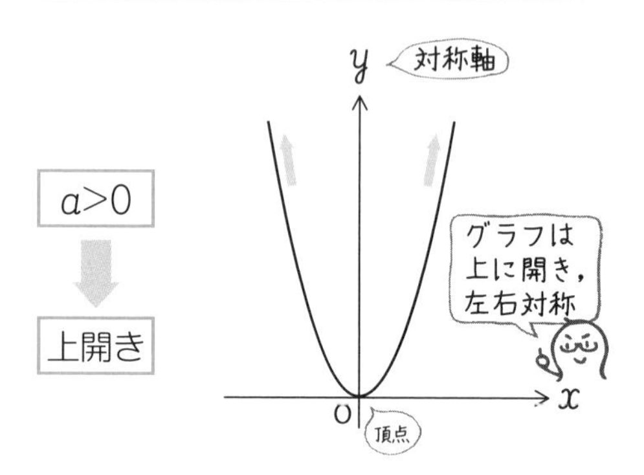

$a<0$
下開き

グラフは
下に開き，
左右対称

$y=x^2$のグラフと$y=2x^2$のグラフを比べると
aの値が小さいほど開き方が大きくなります．
また，比例定数aの絶対値が等しくて，符号が反対のグラフ，例えば$y=x^2$のグラフと$y=-x^2$のグラフはx軸について対称となります．

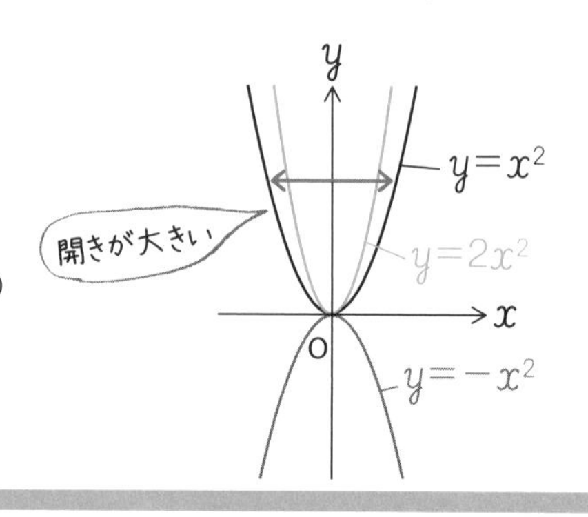

これだけは覚えよう！ $y=ax^2$のグラフは$a>0$のときは上開き，$a<0$のときは下開き．

「$y=ax^2$に$(x,\ y)$を代入して，aを求めます」

▶次の問題に答えなさい．

	問題	
1	関数$y=x^2$において$x \leqq 0$のとき，xの値が増加するとyの値は増加するか，減少するか．	
2	関数$y=-x^2$において$x \geqq 0$のとき，xの値が増加するとyの値は増加するか，減少するか．	
3	関数$y=x^2$において$x>0$のとき，xの値が増加するとyの値は増加するか，減少するか．	
4	関数$y=-x^2$において$x \leqq 0$のとき，xの値が増加するとyの値は増加するか，減少するか．	
5	$y=2x^2$のグラフは上開きか，下開きか．	
6	$y=-x^2$のグラフは上開きか，下開きか．	
7	$y=ax^2$のグラフが点$(1,\ 4)$を通るとき，aの値を求めなさい．	
8	$y=ax^2$のグラフが点$(-2,\ -8)$を通るとき，aの値を求めなさい．	
9	$y=3x^2$のグラフが点$(1,\ m)$を通るとき，mの値を求めなさい．	
10	$y=-2x^2$のグラフが点$(n,\ -8)$を通るとき，nの値を求めなさい．	

ワンポイントアドバイス

❶～❹は右の表で考えましょう．

$y=x^2$

x	−	0	+
y	↘	0（最小）	↗

$y=-x^2$

x	−	0	+
y	↗	0（最大）	↘

答え

❶減少する　❷減少する　❸増加する　❹増加する　❺上開き　❻下開き　❼$a=4$　❽$a=-2$　❾$m=3$　❿$n=\pm 2$（2と−2）

43 関数 $y=ax^2$のグラフ

$y=ax^2$の変域

関数$y=ax^2$でxの変域に

「0」が含まれる（ゼロをまたぐ）場合，
・$a>0$なら　yの変域は$0 \leqq y \leqq$□
・$a<0$なら　yの変域は□$\leqq y \leqq 0$

□はxの絶対値の大きい方の値を代入したときのyの値になります．

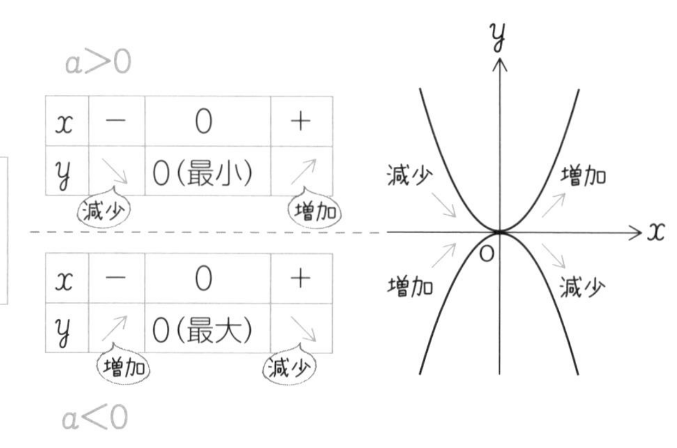

$a>0$

x	$-$	0	$+$
y	↘ 減少	0（最小）	↗ 増加

x	$-$	0	$+$
y	↗ 増加	0（最大）	↘ 減少

$a<0$

$y=ax^2$の変化の割合

関数　$y=ax^2$　について，xがnからmまで増加するとき，変化の割合は

$$\text{変化の割合}=\frac{y\text{の増加量}}{x\text{の増加量}}=\frac{a(m^2-n^2)}{m-n}=\frac{a(m+n)(m-n)}{m-n}=a(m+n)$$

となります．

変化の割合は$a(m+n)$，つまり（比例定数）×（xの変化の始まりと終わりの和）．

例 $y=2x^2$において，xが3から5まで増加するとき，変化の割合は$2\times(3+5)=16$

放物線と直線の交点

放物線$y=ax^2$と，直線$y=bx+c$　の交点の座標を求めるには，
$ax^2=bx+c$　と等置法で解きます．

例 放物線$y=x^2$と，直線$y=3x+4$の交点の座標を求めなさい．

$y=x^2$を$y=3x+4$に代入して，
$x^2=3x+4$　$x^2-3x-4=0$
$(x+1)(x-4)=0$
$x=-1,\ 4$　（交点は2つ）　← x座標を求めてから
$x=-1$のとき，$y=(-1)^2=1$
$x=4$　のとき，$y=4^2=16$　← y座標を求めます
答え$(-1,\ 1)$，$(4,\ 16)$

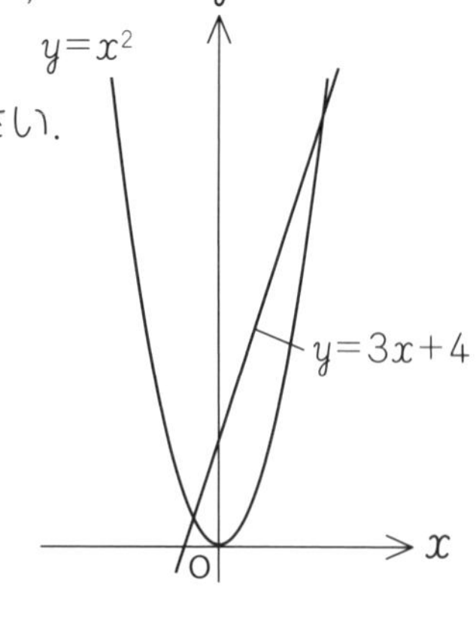

これだけは覚えよう！ $y=ax^2$で，xがnからmまで増加するときの変化の割合は$a(m+n)$

関数　$y=ax^2$では，比例定数と変化の割合は別物

▶次の問題に答えなさい.

1	$y=2x^2$について，xが1から3まで増加するときの変化の割合を求めよ.	
2	$y=2x^2$について，xが-1から3まで増加するときの変化の割合を求めよ.	
3	$y=-2x^2$について，xが1から3まで増加するときの変化の割合を求めよ.	
4	$y=-2x^2$について，xが-1から3まで増加するときの変化の割合を求めよ.	
5	関数$y=x^2$において， xの変域が$1 \leqq x \leqq 2$のとき，yの変域を求めよ.	
6	関数$y=-2x^2$において， xの変域が$-2 \leqq x \leqq 1$のとき，yの変域を求めよ.	
7	関数$y=ax^2$において，xの変域が$1 \leqq x \leqq 3$のとき，$-9 \leqq y \leqq -1$になった．aの値を求めよ.	
8	関数$y=ax^2$において，xの変域が$-2 \leqq x \leqq 1$のとき，yの変域が$0 \leqq y \leqq 12$になった. aの値を求めよ.	
9	関数$y=-2x^2$において，xの変域が $-2 \leqq x \leqq -1$のとき，yの変域を求めよ.	
10	放物線$y=x^2$と直線$y=3x-2$の交点の座標を求めよ.	

ワンポイントアドバイス

$y=ax^2$で，xの変域に「0」が含まれる（ゼロをまたぐ）場合，
xが0のとき，yは最小（$a>0$），または最大（$a<0$）になることに注意.

答え

❶8　❷4　❸-8　❹-4　❺$1 \leqq y \leqq 4$　❻$-8 \leqq y \leqq 0$
❼$a=-1$　❽$a=3$　❾$-8 \leqq y \leqq -2$　❿(1，1)と(2，4)

44 相似
相似な図形の基本知識

相似

相似とは，図形の形を変えずに一定の割合で拡大や縮小して得られる図形のことです．
地球儀なども大雑把に地球と「相似」と言えますね．

相似の表し方

三角形ABCと三角形DEFが相似なとき，△ABC∽△DEFと表します．
相似も合同と同様，∠Aと∠D，∠Bと∠E，∠Cと∠Fのように対応する点（角）を順に並べます．

相似比

相似な2つの図形で，対応する辺の長さの比を相似比といいます．

例 三角形ABCと三角形DEFは相似で，
BC＝3cm，EF＝2cmのとき，
BC：EF＝3：2　なので，
△ABCと△DEFの相似比は3：2となります．
$a:b=c:d$ ⇒ $bc=ad$を使い，実際の辺の長さを求めます．

内項の積は外項の積に等しい

相似比	面積比	体積比
$a:b$	$a^2:b^2$	$a^3:b^3$

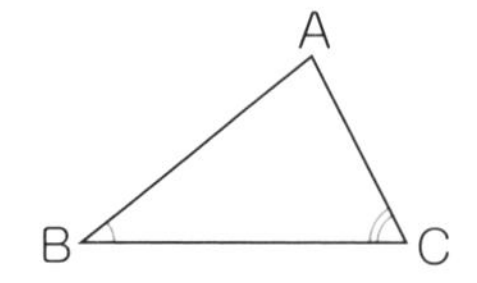

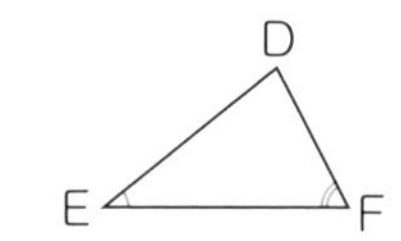

三角形の相似条件

2つの三角形は次の場合に相似となります．

①3組の辺の比がすべて等しい．

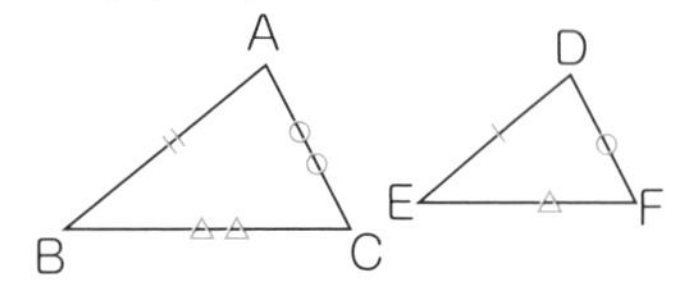

②2組の辺の比とその間の角がそれぞれ等しい．

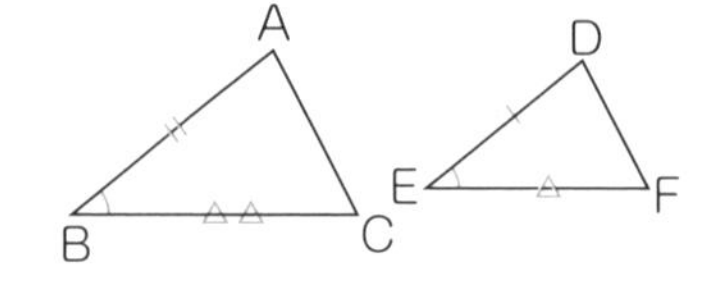

③2組の角がそれぞれ等しい．

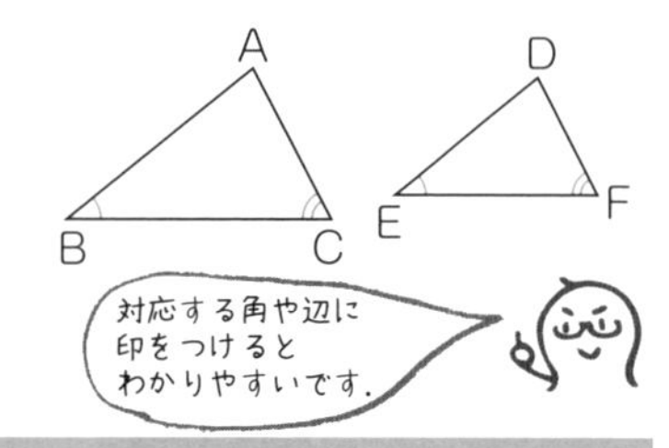

これだけは覚えよう！ 相似条件　①3組の辺の比，②2組の辺の比とその間の角，③2組の角　を覚えよう．

相似比$a:b$，　面積比$a^2:b^2$，　体積比$a^3:b^3$

▶次の問題に答えなさい．またxの値を求めなさい．

❹～❾の図で同じ印の角の大きさは等しいとする．

問　三角形の相似条件を3つ答えなさい．（順不同）

❶

❷

❸

❹

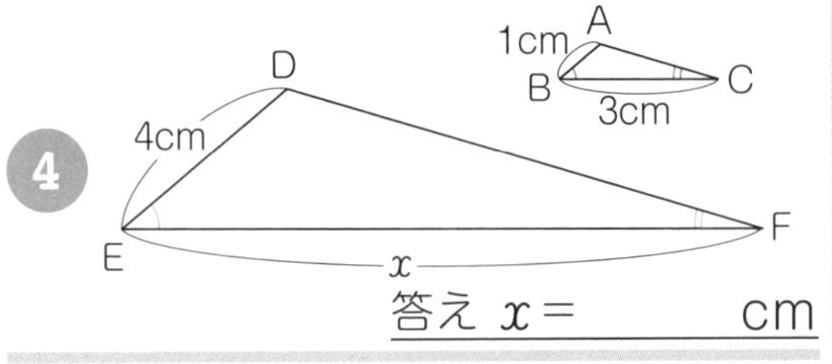

答え $x=$　　　cm

❺

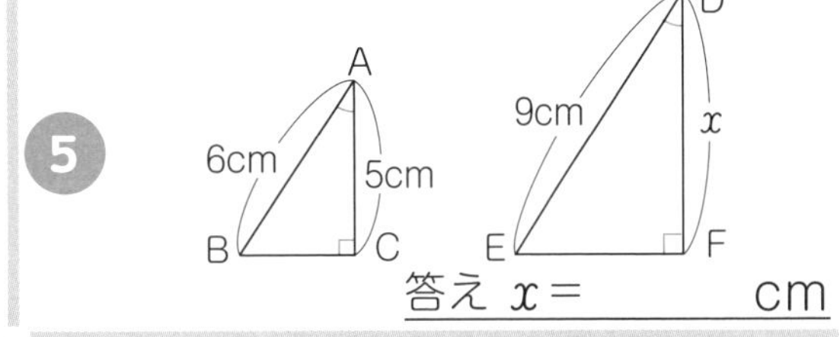

答え $x=$　　　cm

❻

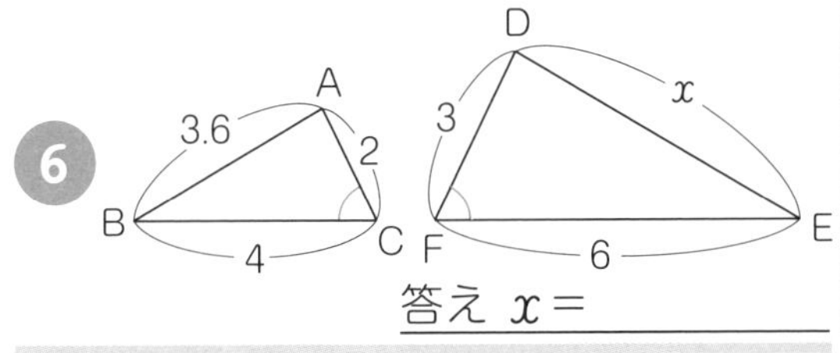

答え $x=$

❼

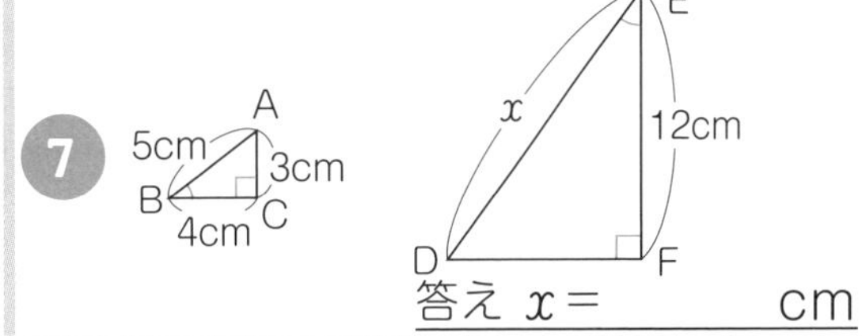

答え $x=$　　　cm

❽

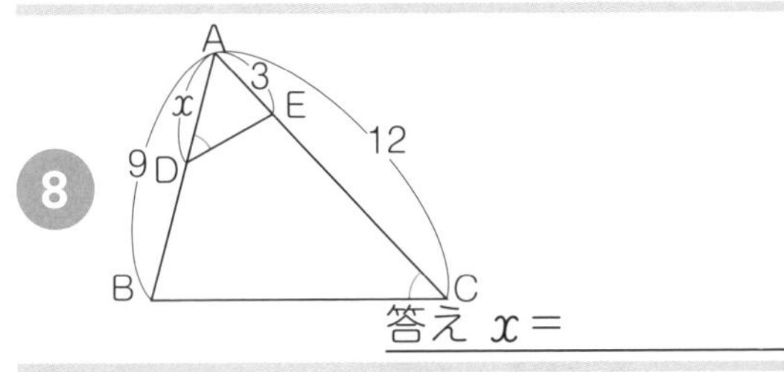

答え $x=$

❾

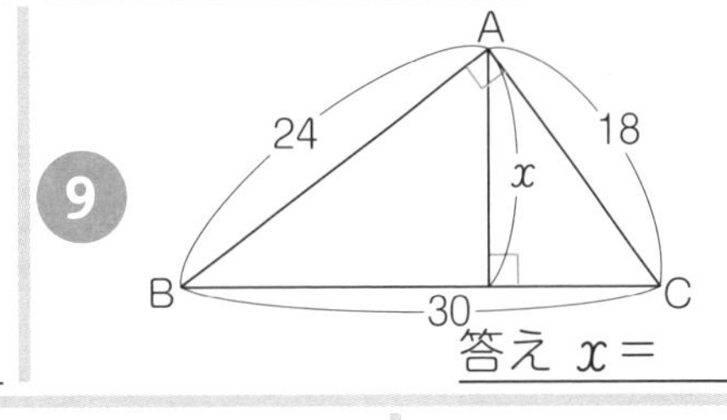

答え $x=$

❿ 問題❺で，△ABCと△DEFの面積比を求めなさい．

ワンポイントアドバイス

❽はどの辺とどの辺が対応するか考えましょう．

単位があるものは単位をつける．単位がないものに単位つけると間違い！

注意しましょう（ひっかけ問題）．

答え

❶3組の辺の比がすべて等しい　❷2組の辺の比とその間の角がそれぞれ等しい　❸2組の角がそれぞれ等しい　❹12　❺7.5　❻5.4　❼15　❽4　❾14.4　❿4:9

45 相似 線分の比と平行線の問題

平行線と三角形の相似

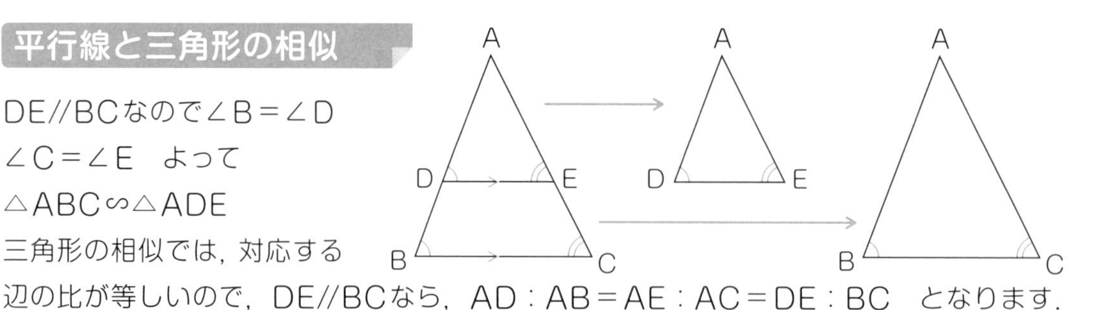

DE//BCなので∠B＝∠D
∠C＝∠E　よって
△ABC∽△ADE
三角形の相似では，対応する辺の比が等しいので，DE//BCなら，AD：AB＝AE：AC＝DE：BC　となります．

中点連結定理

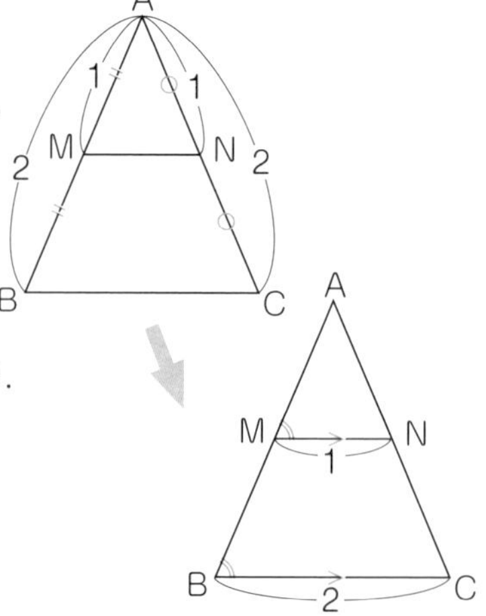

△ABCの辺ABと辺ACの中点をそれぞれM，Nとすると，
∠MAN＝∠BAC，AM：AB＝AN：AC＝1：2より，
△AMN∽△ABCとなります．
∠AMN＝∠ABC⇒MN//BC（同位角）

MN：BC＝AM：AB＝1：2⇒MN＝$\frac{1}{2}$BCが成り立つ．

これを中点連結定理といいます．

平行線と線分の比

下の図でa//b//cならばAB：BC＝DE：EF（AB：DE＝BC：EF）

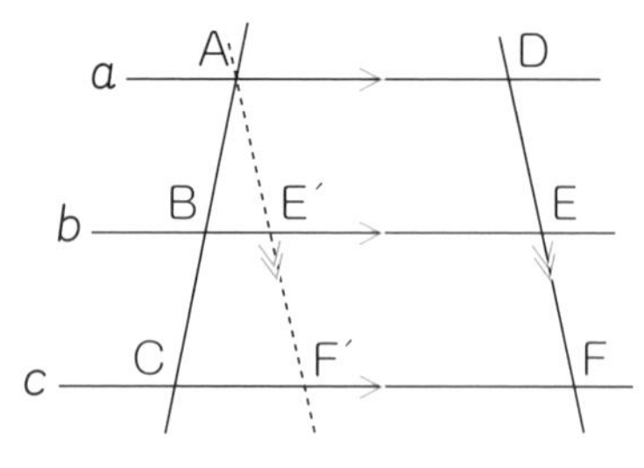

点Aを通って，直線DFに平行な直線をひき，
直線b，cとの交点をそれぞれE′，F′とすると，
△ACF′でBE′//CF′だから，
AB：BC＝AE′：E′F′
また▱AE′EDより，AE′＝DE
▱E′F′FEより，E′F′＝EF
よって，AB：BC＝DE：EF

これだけは覚えよう！
△ABCの辺AB，ACの中点をそれぞれM，Nとすると，
MN//BC，MN＝$\frac{1}{2}$BC

「中点」と出てきたら，中点連結定理を考えましょう

▶次の図でxの値を求めなさい．

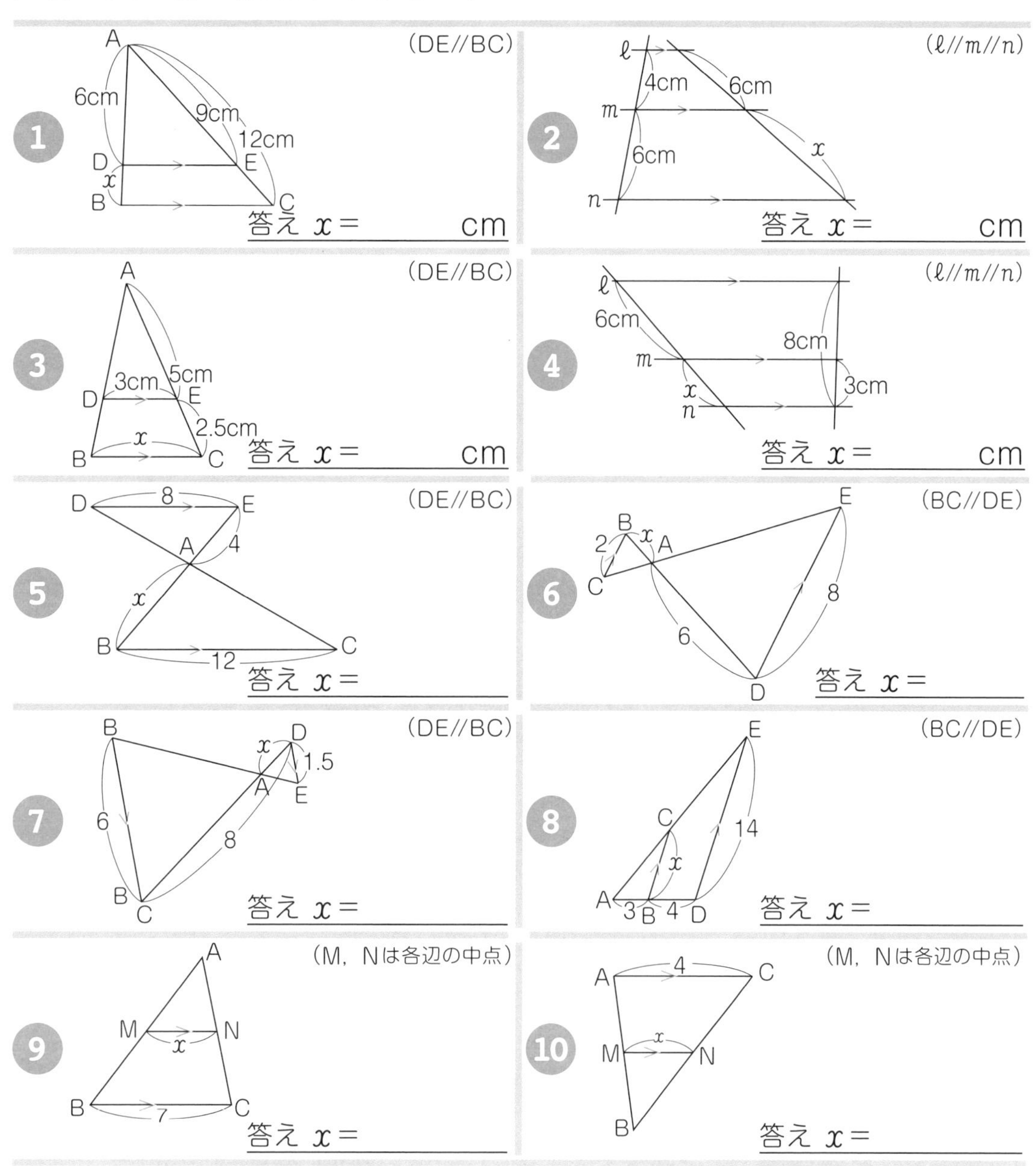

ワンポイントアドバイス

相似では対応する角と対応する辺の比が等しいので，対応する辺を確認しましょう．

答え

❶2 ❷9 ❸4.5 ❹3.6 ❺6 ❻1.5 ❼1.6 ❽6 ❾3.5 ❿2

46 相似
相似な図形の利用，誤差，近似値

角の二等分線と線分の比

△ABCの∠Aの二等分線と辺BCとの交点をDとすると
AB：AC＝BD：DC　となります．

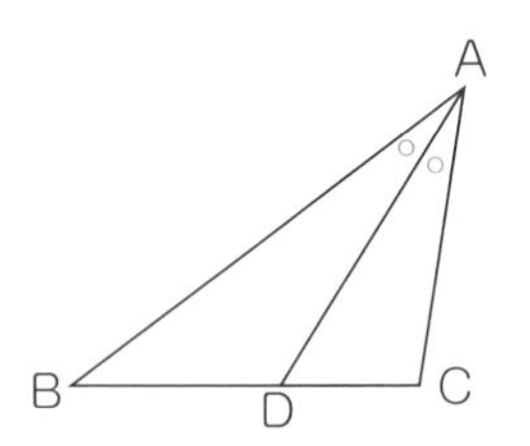

平行線と線分の比の利用

AB//CD//EFのとき $x=\dfrac{ab}{a+b}$

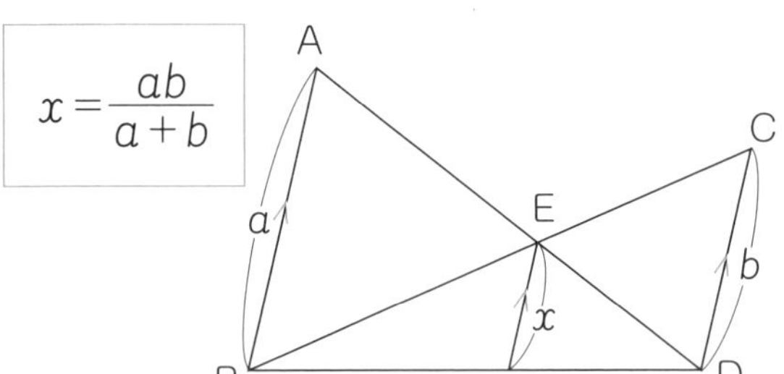

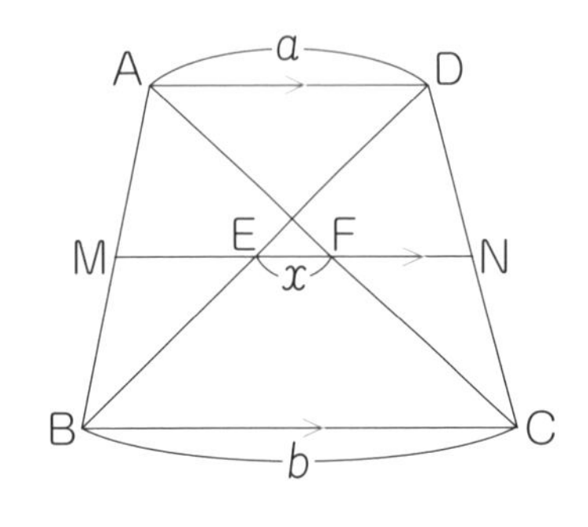

左の図でAD//MN//BC，
M，Nは各辺の中点とするとき，

$ME=NF=\dfrac{1}{2}a$，$MF=NE=\dfrac{1}{2}b$より，

$x=\dfrac{1}{2}(b-a)$

で解くことができます．

真の値と近似値，有効数字

【教科書により習う順序が異なります】

測定して得られた値などのように，真の値に近い値のことを近似値といいます．近似値から真の値をひいた数を誤差といい，（誤差）＝（近似値）—（真の値）の関係にあります．
近似値を表す数で，意味のある数字を有効数字といい，（整数部分が1桁の小数）×（10の何乗）の形で表します．例えば374 mの山は有効数字を3けたなら3.74×10^2m，有効数字2けたなら，3.7×10^2mと表します．

これだけは覚えよう！ 三角形の角の二等分線は，角をはさむ辺の比に対辺を分けます．

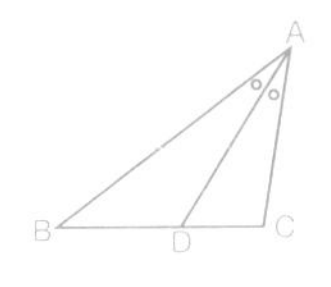

「左の図で角の二等分線と線分の比は，AB：AC＝BD：DC」

▶次の図で，xの値を求めなさい．

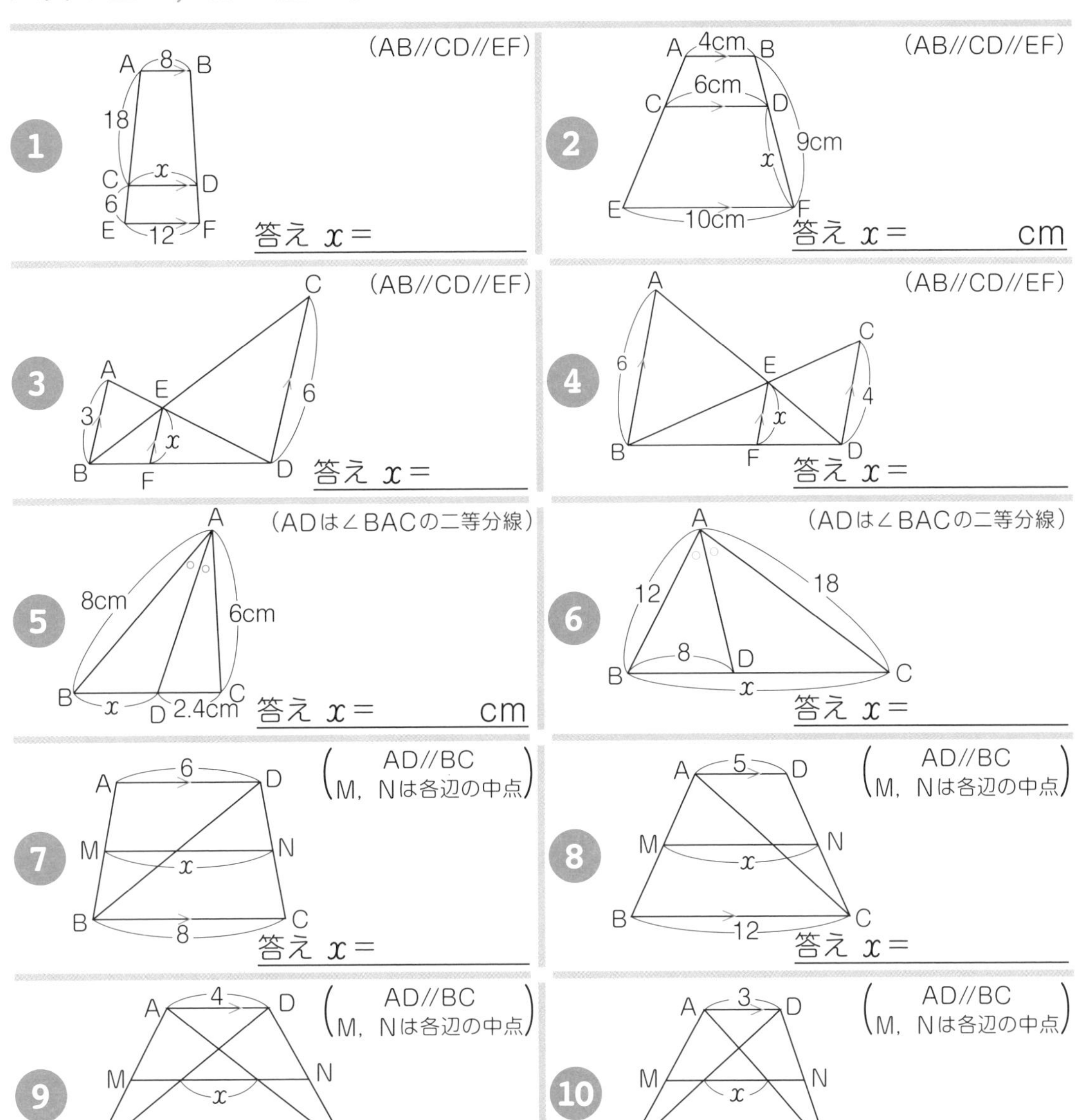

ワンポイントアドバイス

❼，❽のxは，ADとBCの和の半分．

❾，❿のxは，BCとADの差の半分で求めます．

答え

❶11　❷6　❸2　❹2.4　❺3.2　❻20　❼7　❽8.5　❾3　❿2

47 図形 円周角と中心角の問題

円周角の定理

円Oにおいて，弧AB（右の図の青い線）以外の円周上のどこに点Cがあっても，∠ACBの大きさは同じ角度を示します．∠ACBのことを弧ABに対する円周角といい，∠AOBのことを中心角といいます．同じ弧に対する円周角は中心角の半分になります．

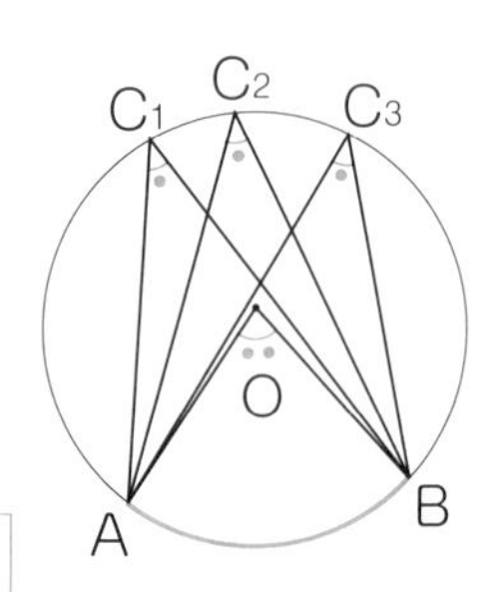

円周角の定理
①同じ弧に対する円周角は等しい　　②円周角は中心角の半分

覚えておくと便利

円周角

円の半径，AO＝BO＝CO　は半径，
△OACも△OBCも二等辺三角形．

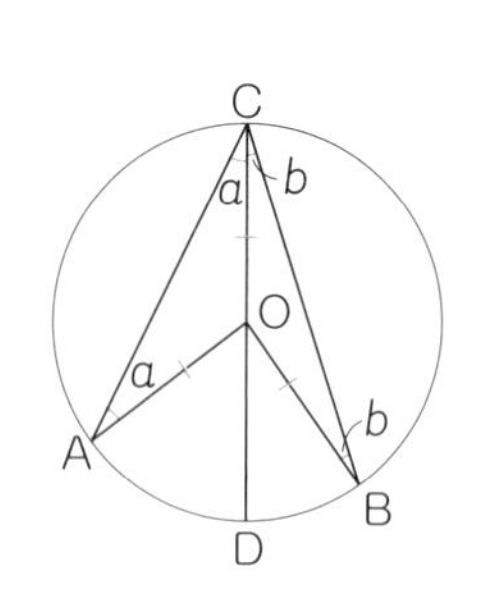

円に内接する四角形の性質

①対角の和は180°
②1つの外角は，となり合う内角の対角と等しい．
（内対角）

接弦定理

接線と弦の作る角はその内側にある弧に対する円周角に等しい

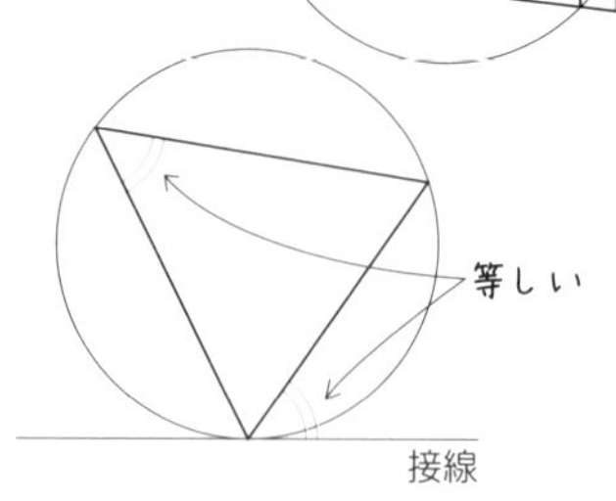

半円と円周角

半円の弧に対する円周角は90°である．

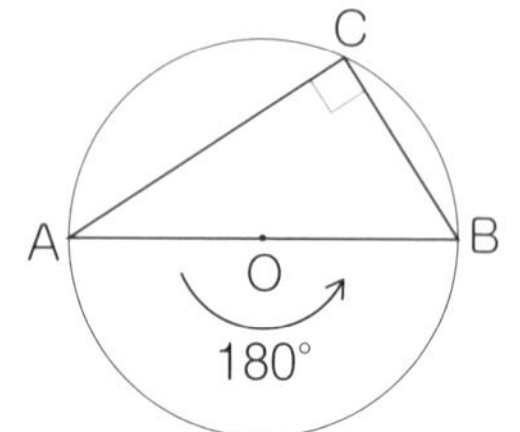

これだけは覚えよう！ 円に内接する四角形の性質
①対角の和は180°，②外角と内対角は等しい．

接弦定理もしっかり覚えよう

▶次の図で，∠xの大きさを求めなさい．

1

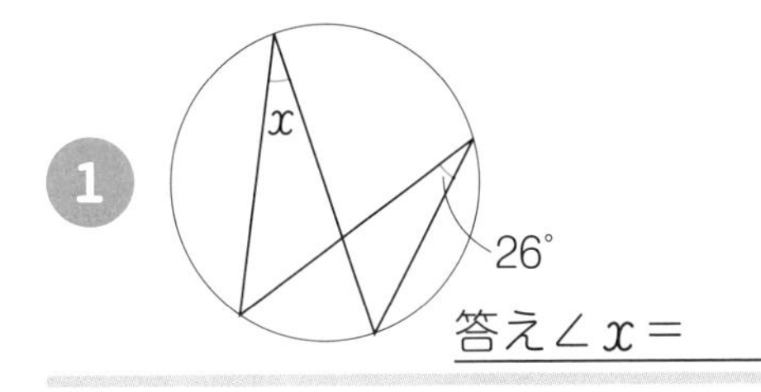

答え∠x＝

2

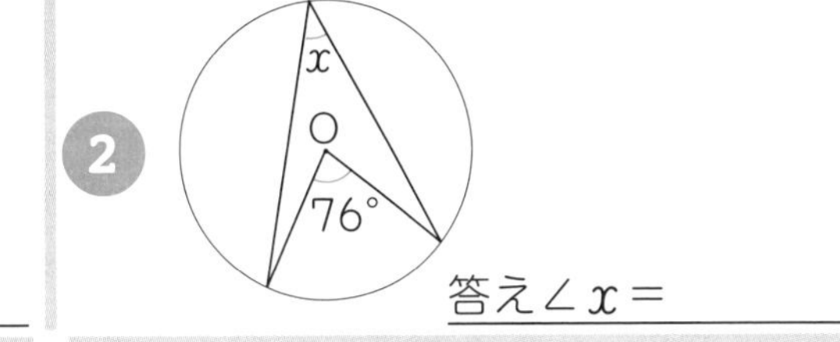

答え∠x＝

3

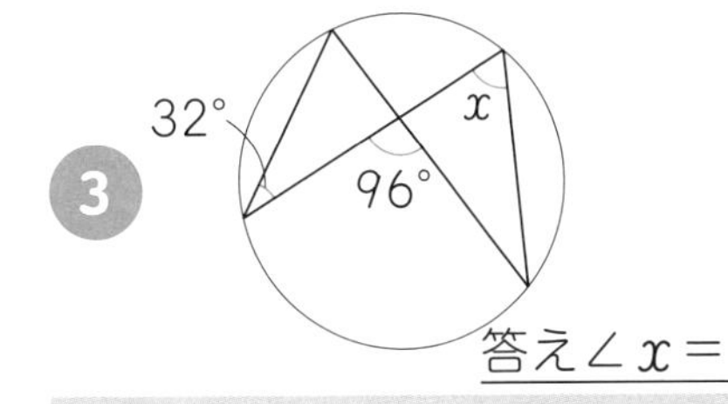

答え∠x＝

4

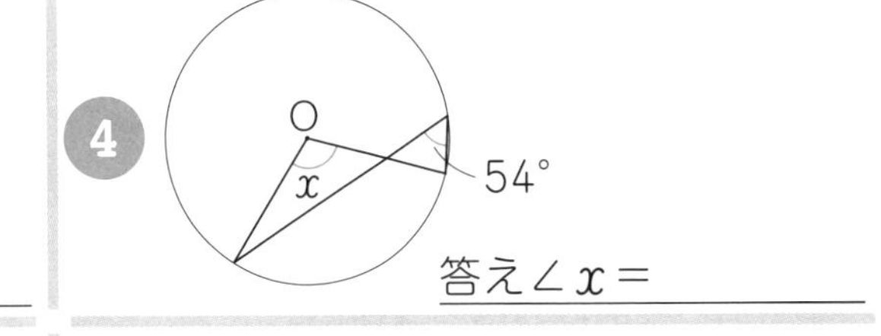

答え∠x＝

5

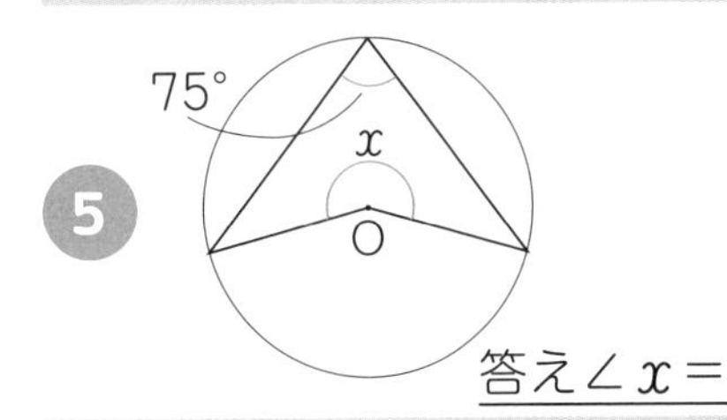

答え∠x＝

6

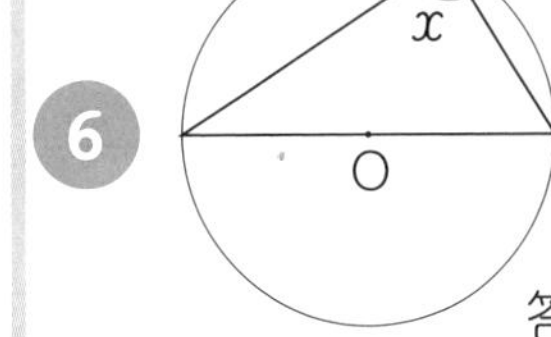

答え∠x＝

7

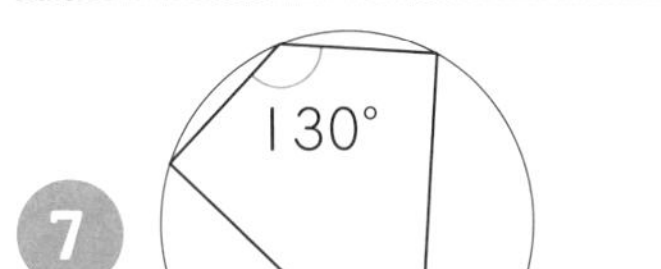
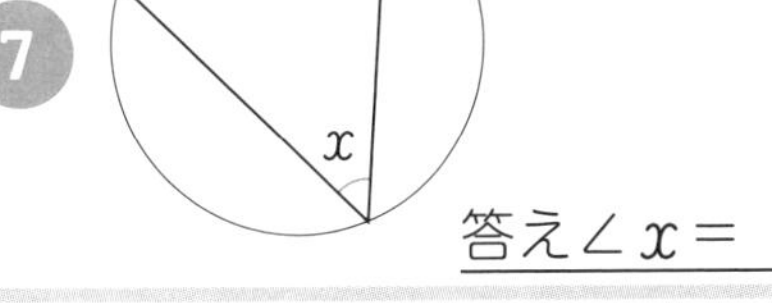

答え∠x＝

8

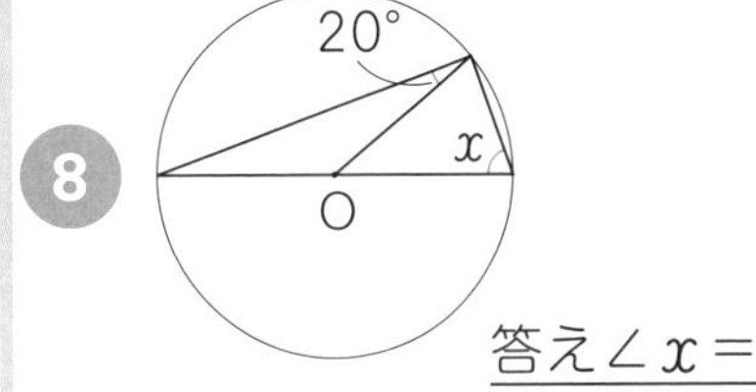

答え∠x＝

9

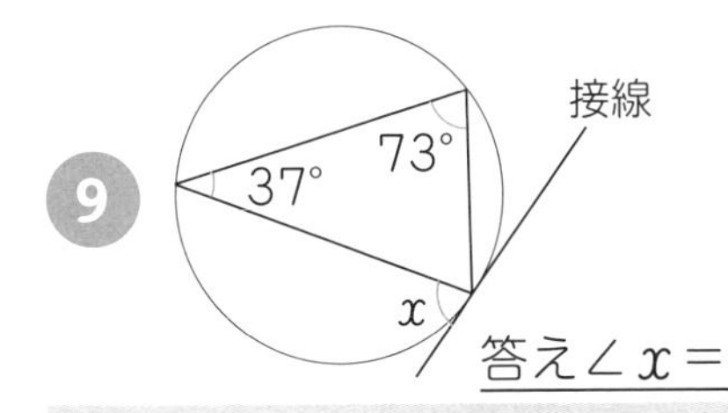

答え∠x＝

10

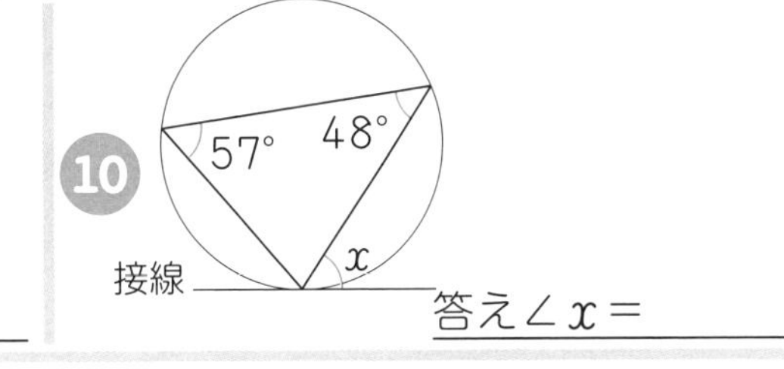

答え∠x＝

ワンポイントアドバイス

同じ弧に対する円周角を探しましょう．

❸はスリッパの法則も使います．

答え

❶26°　❷38°　❸64°　❹108°　❺210°　❻90°　❼50°　❽70°　❾73°　❿57°

48 図形 三平方の定理

三平方(ピタゴラス)の定理

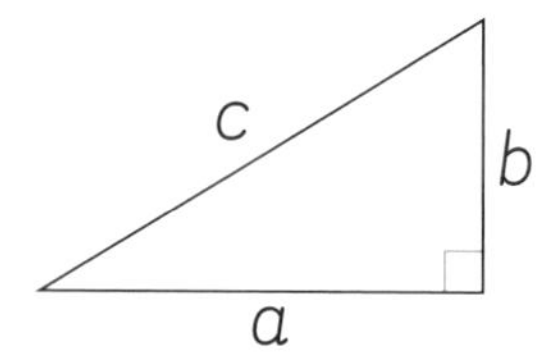

直角三角形において，直角をはさむ2辺の長さa，bと斜辺の長さcとの間には次の関係が成り立つ．

$a^2+b^2=c^2$　これを三平方の定理といいます．

三平方の定理の逆

$a^2+b^2=c^2$が成り立てば，△ABCは長さcの辺を斜辺とする直角三角形である．

三平方の定理のいろいろな使い方

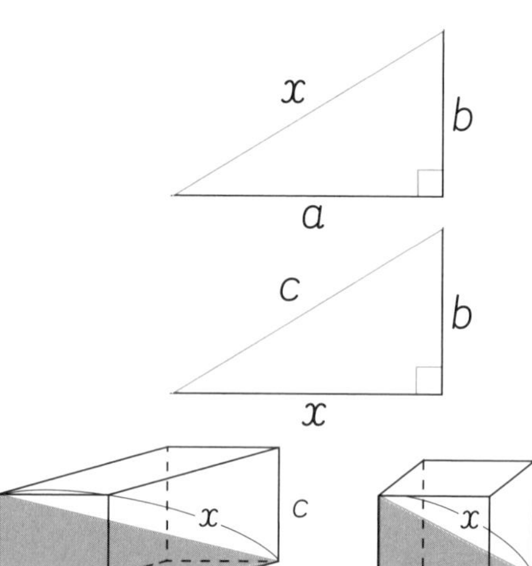

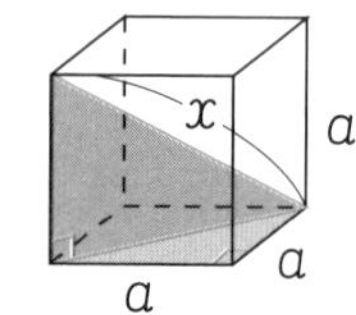

直角三角形の斜辺の長さの求め方

・$x=\sqrt{a^2+b^2}$

直角をはさむ1辺の長さの求め方

・$x=\sqrt{c^2-b^2}$

直方体の対角線の長さの求め方

・$x=\sqrt{a^2+b^2+c^2}$　(四平方の定理)

立方体の対角線の長さの求め方

・$x=\sqrt{a^2+a^2+a^2}=\sqrt{3}\,a$

代表的な直角三角形(三角定規など)

30°，60°，90°
⇒ $1:2:\sqrt{3}$

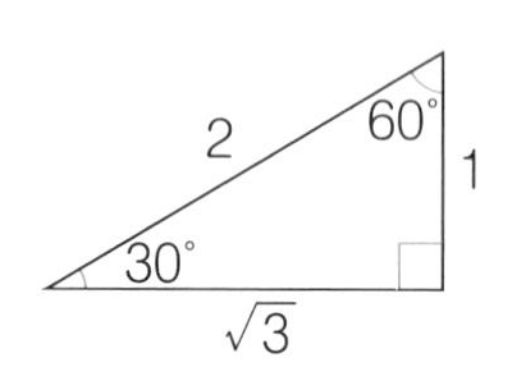

45°，45°，90°
⇒ $1:1:\sqrt{2}$

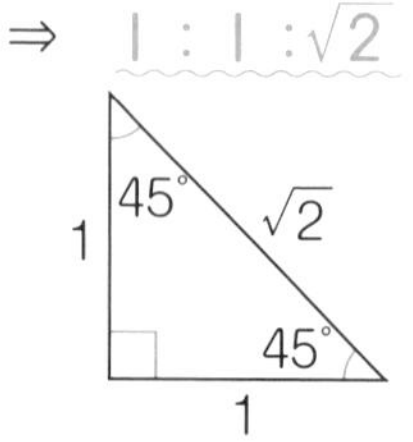

3：4：5

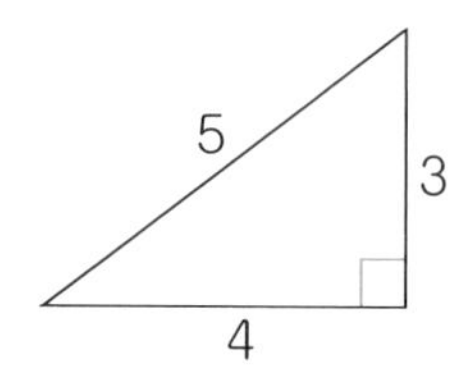

これだけは覚えよう！ 直角三角形 ⇔ $a^2+b^2=c^2$ が成り立つ．

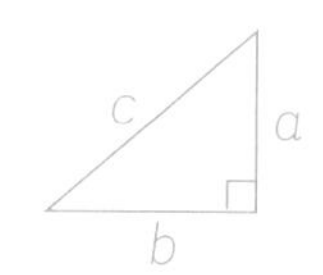

「直方体や立方体の対角線は四平方の定理」

▶次の図で，x の値を求めなさい.

❶
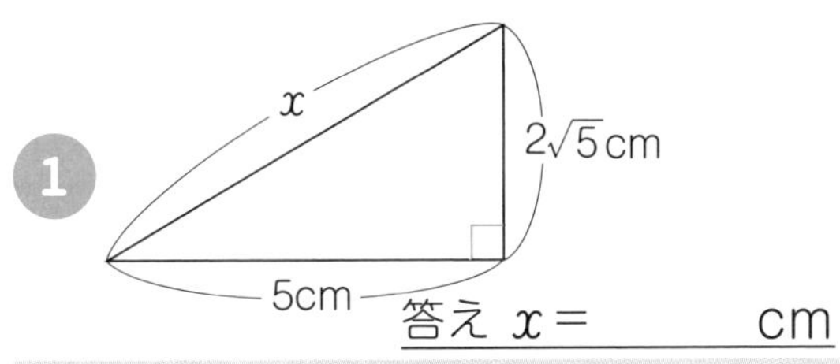

答え $x=$　　　cm

❷
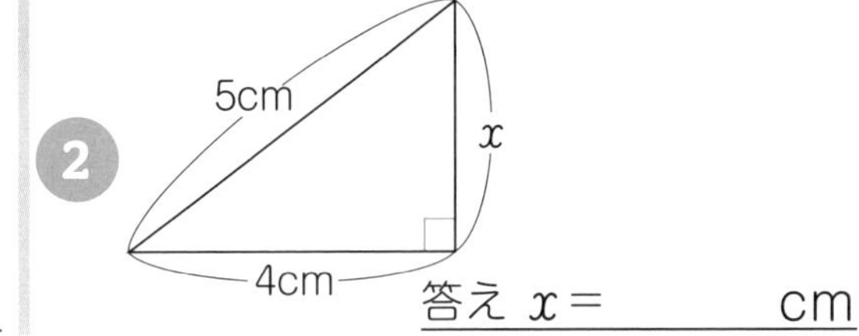

答え $x=$　　　cm

❸
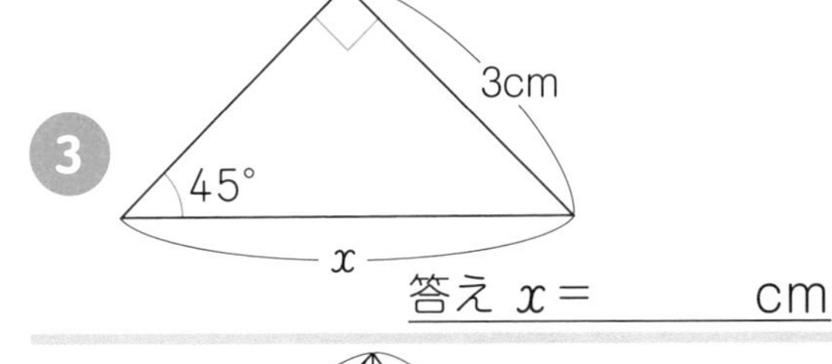

答え $x=$　　　cm

❹
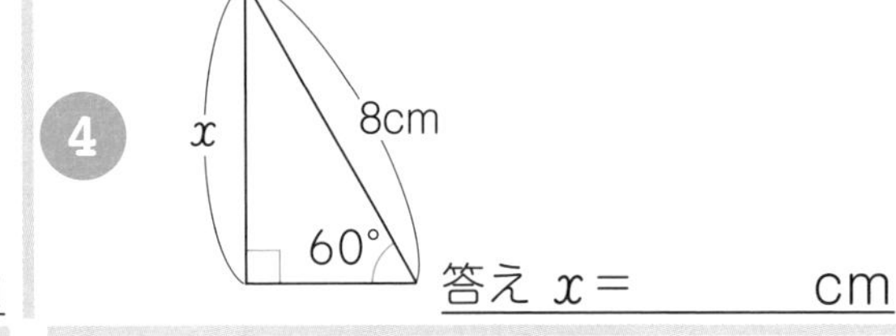

答え $x=$　　　cm

❺
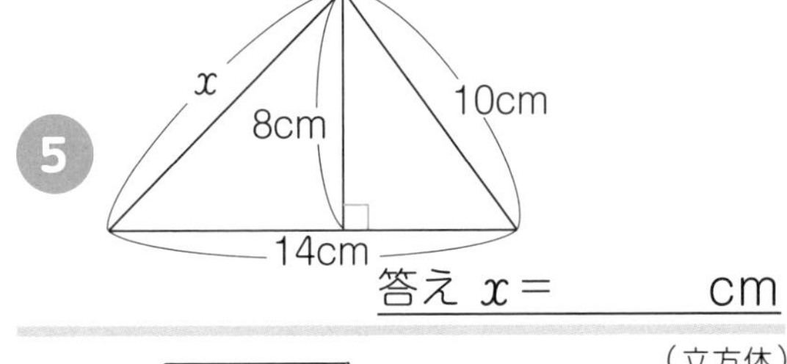

答え $x=$　　　cm

❻
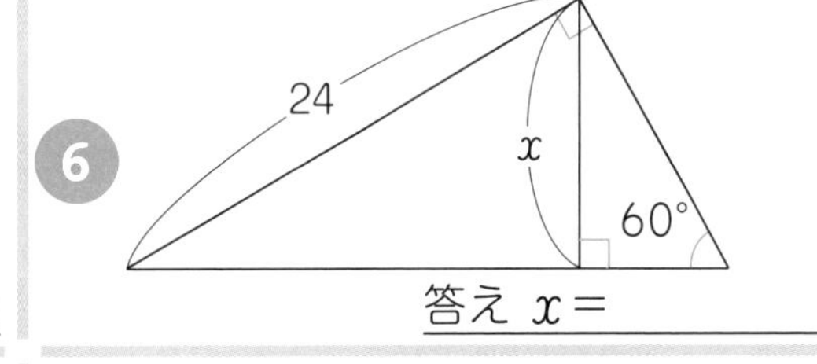

答え $x=$

❼ （立方体）
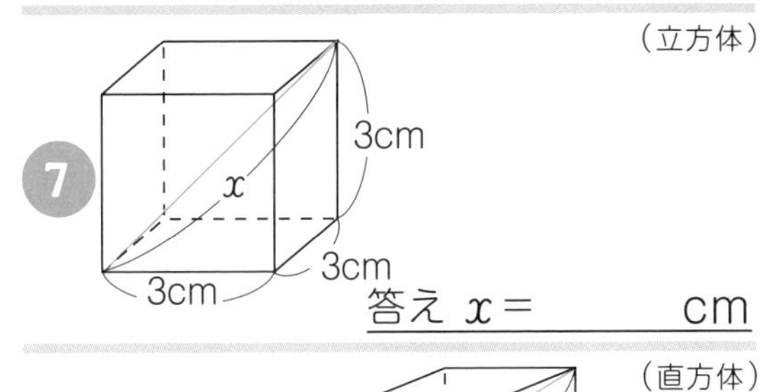

答え $x=$　　　cm

❽ （直方体）
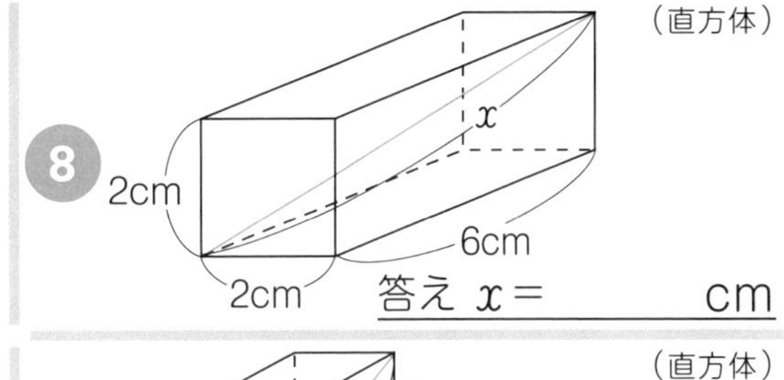

答え $x=$　　　cm

❾ （直方体）
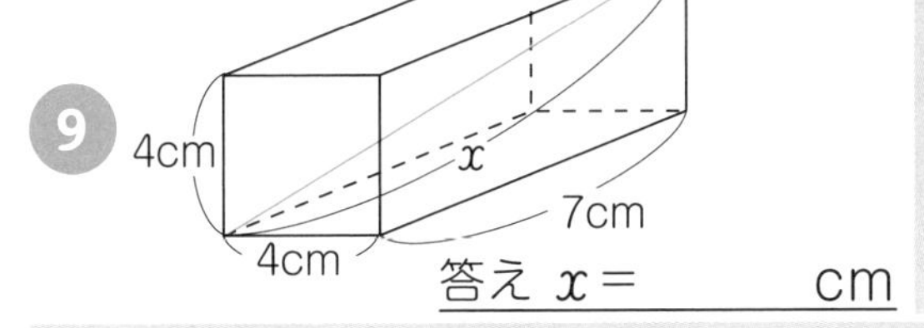

答え $x=$　　　cm

❿ （直方体）
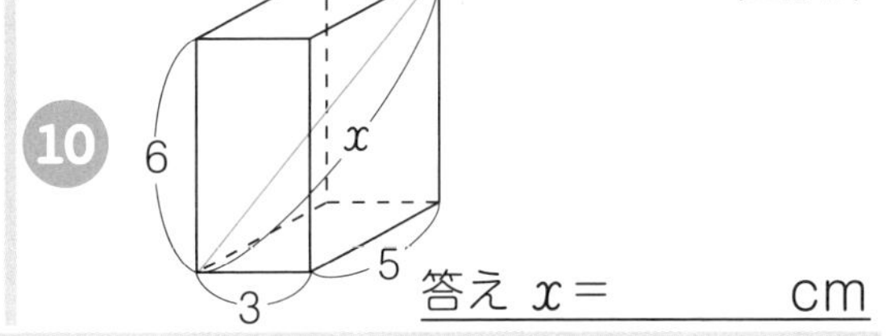

答え $x=$　　　cm

ワンポイントアドバイス

三角形の角度が30°，60°，90°⇒　3辺の長さの比 $1:2:\sqrt{3}$

三角形の角度が45°，45°，90°⇒　3辺の長さの比 $1:1:\sqrt{2}$

答え

❶ $3\sqrt{5}$　❷ 3　❸ $3\sqrt{2}$　❹ $4\sqrt{3}$　❺ $8\sqrt{2}$　❻ 12　❼ $3\sqrt{3}$　❽ $2\sqrt{11}$　❾ 9　❿ $\sqrt{70}$

これだけマスター 中学3年

1 まとめ 乗法公式は速算術（速く計算する便法）としても利用できます．
- $73^2=(70+3)^2=70^2+2\times70\times3+3^2=4900+420+9=5329$
- $67^2=(70-3)^2=70^2-2\times70\times3+3^2=4900-420+9=4489$
- $73\times67=(70+3)(70-3)=70^2-3^2=4900-9=4891$

2 まとめ 因数分解と展開は裏表．展開 ⇔ 因数分解
- $x^2+8x+12$ ⇒ 積が 12，和が 8 になる 2 つの因数を探します．
  1 と 12×，3 と 4×，2 と 6 ○ ⇒ $(x+2)(x+6)$
- $x^2-4x-12$ ⇒ 積が 12，差が 4 になる 2 つの因数を探します．
  1 と 12×，3 と 4×，2 と 6 ○ ⇒ x の係数の符号（−）を
  大きい方の数字につけます． ⇒ $(x+2)(x-6)$

3 まとめ 和と差の積は平方の差 $(a+b)(a-b)=a^2-b^2$
特にこの公式は，利用範囲が広いので，しっかり覚えましょう！

4 まとめ おいて，いれて，もどす，便利なおいもの法則 ⇒ 文字に置きかえる解法
$(x-2)^2-6(x-2)+9$ ⇒ $(x-2)=A$ とおいて，もとの式にいれて
$A^2-6A+9=(A-3)^2$ もどします． ⇒ $(x-2-3)^2=(x-5)^2$

5 まとめ 平方根はババ抜き ⇒ $\sqrt{}$ の中で 2 つそろえば，前に出せます．
$\sqrt{12}=\sqrt{\underline{2\times2}\times3}$ ⇒ $2\sqrt{3}$，$\sqrt{}$ の部分は一つの文字と考えて計算します．

6 まとめ 二次方程式の解き方
共通因数を考える ⇒ 因数分解できるか考える
⇒（因数分解できるとき）そのまま因数分解して解きます．
⇒（因数分解できないとき）平方完成または解の公式を使います．

7 まとめ $y=ax^2$ のグラフは原点 O を通り，y 軸に対して左右対称な放物線，
x の絶対値が同じなら，y の値は等しくなります．
$y=ax^2$ のグラフと，$y=-ax^2$ のグラフは x 軸について対称です．

8 まとめ $y=ax^2$ について，x が n から m まで増加するとき，変化の割合は，
変化の割合 $=\dfrac{y\text{の増加量}}{x\text{の増加量}}=\dfrac{a(m^2-n^2)}{m-n}=\dfrac{a(m+n)(m-n)}{m-n}=a(m+n)$ つまり，
（変化の割合）＝（比例定数）×（x の変化の始まりと終わりの和） となります．

9 まとめ $y=ax^2$について，xの変域に0が含まれる（ゼロをまたぐ）ときは要注意，
$a>0$なら$x=0$のとき$y=0$で最小，$a<0$なら$x=0$のとき$y=0$で最大．

10 まとめ 放物線$y=ax^2$と直線$y=bx+c$の交点の座標を求めるには，$ax^2=bx+c$と置いて等置法でまずx座標を求めてから，y座標を求めて解きます．

11 まとめ 動点の問題のポイントは，　ⅰ）（動点がどの辺上にあるか）場合分けして考える．
ⅱ）変域を明示する，の2つです．

12 まとめ 三角形の相似条件（形が同じで，大きさが異なる）
- 3組の辺の比がすべて等しい
- 2組の角がそれぞれ等しい
- 2組の辺の比とその間の角がそれぞれ等しい　の3つです．

13 まとめ 相似比と面積比，体積比の関係
相似比$a:b$のとき，面積比$a^2:b^2$　体積比$a^3:b^3$　の関係にあります．
線分の比の問題で，「長さや面積を答えよ」のとき，単位をつけないと間違い．
「値を答えよ」のとき，単位をつけると間違いになります．ご用心！ご用心！

14 まとめ 中点連結定理：△ABCの辺AB，ACの中点をそれぞれM，Nとすると
MN//BC，$\mathrm{MN}=\frac{1}{2}\mathrm{BC}$が成り立ちます．逆にMN//BC，$\mathrm{MN}=\frac{1}{2}\mathrm{BC}$が成り立つとき，点M，Nは辺AB，BCの中点になります．

15 まとめ 円周角，中心角では
- 同じ弧に対する円周角は等しい
- 円周角は中心角の半分
- 半径を2辺とする三角形は二等辺三角形
- 半円の弧に対する円周角は90°
- 接弦定理（接線と弦の作る角度はその内側にある弧に対する円周角と等しい）
- スリッパの法則，チョウチョの法則，キツネの法則などに着目しましょう．

16 まとめ 直角三角形では，直角をはさむ2辺のa，bと斜辺cとの間には，$a^2+b^2=c^2$の関係が成り立ちます．平方（二乗）が3つあるので三平方の定理といいます．
斜辺cは，$c=\sqrt{a^2+b^2}$で求めます．代表的直角三角形は辺の比3：4：5

17 まとめ 三角定規の角度と辺の比の関係はしっかり覚えておきましょう．
30°，60°，90°⇒$1:2:\sqrt{3}$（正三角形の半分）
45°，45°，90°⇒$1:1:\sqrt{2}$（直角二等辺三角形）

18 まとめ 直方体の対角線の長さxは，$a^2+b^2+c^2=x^2$より，$x=\sqrt{a^2+b^2+c^2}$で求めると速くて正確です．平方が4つあるので，四平方の定理（笑）ですね．

19 まとめ 規則性を見つける問題
- 1番目，2番目，3番目の個数など（の数字）を求める．
- 1番目と2番目，2番目と3番目の数字の関係（差や積など）を求める．
- 個数と数字の差などの関連性を図示して考え，数式に表します．

20 まとめ 新傾向の問題（P132参照）：考えを整理するため余白に要点をメモしましょう．答えが出たら問題文の条件に合致しているかどうか，必ず確認する習慣をつけましょう．

チェックテスト

応用もガッチリ完成

次の問題に答えなさい.

問題		
1	58×62 を工夫して計算しなさい.	
2	x^2+x-20 を因数分解しなさい.	
3	$9x^2-1$ を因数分解しなさい.	
4	$(x-1)^2+2(x-1)+1$ を計算しなさい.	
5	$\sqrt{8} \times \sqrt{12}$ を計算しなさい.	
6	$2x^2-14x+24=0$ を解きなさい.	
7	関数 $y=-3x^2$ について x の値が -1 から 2 まで増加するときの変化の割合を求めなさい.	
8	関数 $y=2x^2$ において, x の変域が $-2 \leqq x \leqq 3$ のとき, y の変域を求めなさい.	
9	関数 $y=x^2$ のグラフと関数 $y=x+12$ のグラフの交点の座標を求めなさい.	
10	9 の問題で求めた 2 つの交点と原点を頂点とする三角形の面積を求めなさい.	

ワンポイントアドバイス

1 $58=60-2$, $60+2$ であることに着目　3 $1=1^2$ が意外に盲点のようです.
4 おいもの法則を使うと便利です.(※ P118 参照)　5 $\sqrt{2^3 \times 2^2 \times 3}$
6 共通因数でわって簡単に.　7 $y=ax^2$ について, x の値が n から m まで増加するとき, 変化の割合は $a(m+n)$　8 x の変域に 0 が含まれるかどうか考えます.
10 三角形を y 軸で 2 つに分けて考えます.

答え

1 3596　2 $(x-4)(x+5)$　3 $(3x+1)(3x-1)$　4 x^2　5 $4\sqrt{6}$
6 $x=3, 4$　7 -3　8 $0 \leqq y \leqq 18$　9 $(-3, 9)$, $(4, 16)$　10 42 (単位なし)

次の問題に答えなさい.

問題		
11 問題	点Pは1辺4cmの正方形ABCD辺上を毎秒1cmの速さでA→B→C→Dと動く. 点Pがx秒後に辺CD上にあるとき, xの変域とPDの長さをxで表しなさい.	
12 問題	三角形の相似条件をすべて書きなさい.	
13 問題	円錐を上から3分の1のところで底面に水平に切ったとき, 上の立体と下の立体の体積比を答えなさい.	
14 問題	△ABC の辺AB, ACの中点をそれぞれM, N とする. BC＝6cmのとき, MNの長さを答えなさい.	
15 問題	円周上の3点A, B, Cを結んだ二等辺三角形がある. ABがこの円の直径であるとき, ∠ABCは何度になるか, 答えなさい.	
16 問題	15の問題で, AC＝BCが4cmのとき, ABの長さを答えなさい.	
17 問題	15の問題で, ABが4cmのとき, ACの長さを答えなさい.	
  18 問題	1辺が6cmの立方体の対角線の長さを答えなさい.	
 19 問題	3教科(点数は1点刻み)の平均点が, 小数点以下を四捨五入すると75点のとき, 合計点xを不等式で表しなさい.	
20 問題	横1列に並んでいる50個の碁石がある. 左から数えて奇数番目の碁石をすべて列から取り除く. 次もまた同様に奇数番目の碁石を取り除き, 碁石が1個になるまで繰り返したとき, 最後に残る碁石は最初に左から何番目にあった碁石か.	

ワンポイントアドバイス

11点Pが点Dに達すると, $x = 12$　13上の立体の体積を1とすると, 全体は$3^3 = 27$　14中点連結定理　15∠ACB = 90°　18四平方の定理　19 74.5点以上75.5点未満に1点刻みを加味します.　20最初に残るのは2の倍数番目の碁石, 2回目に残るのは4の倍数番目の碁石, 3回目に残るのは…

答え

11 $8 \leqq x \leqq 12$, PD=$(12-x)$ cm　12 3組の辺の比がすべて等しい, 2組の辺の比とその間の角がそれぞれ等しい, 2組の角がそれぞれ等しい　13 1：26　14 3cm　15 45°　16 $4\sqrt{2}$ cm　17 $2\sqrt{2}$ cm　18 $6\sqrt{3}$ cm　19 $224 \leqq x \leqq 226$　20 32番目

重要事項の整理

これだけマスター 図形

①まとめ

最短距離 **作図のポイント**

右図のように公園，自宅，川がある．愛犬を散歩に連れていき，公園から自宅に戻る途中，川で犬に水遊びさせてから戻りたい．どの地点で水遊びさせれば最短距離になるか？　を作図する方法．

※右図で公園から川に向かって垂線を下し，川向こうに（公園の蜃気楼）P´を作図します．P´と自宅を結び，川と交わるところ（Q）で水遊びさせれば，最短距離になります．

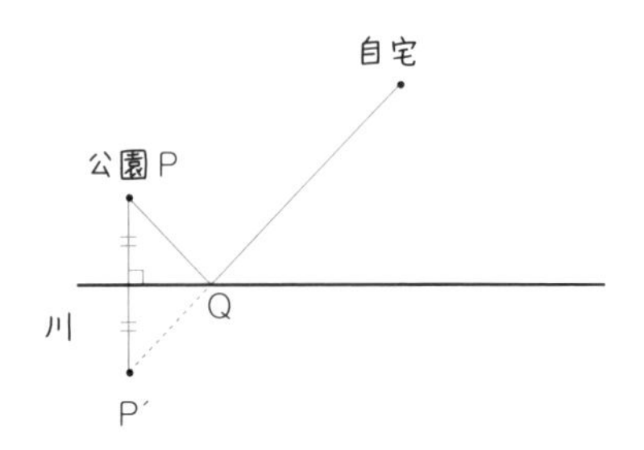

②まとめ

垂直二等分線の性質 キー・ワードは2点です

- 線分の垂直二等分線上のどの点も，線分の両端の点から等しい距離にあります．
- 線分の両端の点から等しい距離にある点は，線分の垂直二等分線上にあります．

角の二等分線の性質 キー・ワードは2辺です

- 角の二等分線上のどの点も，角をつくる2辺から等しい距離にあります．
- 角をつくる2辺までの距離が等しい点は，角の二等分線上にあります．

③まとめ

立体の最短距離

立体の周りにひもをかけたときの最短距離は，見取り図ではわかりにくいので，展開図で考えます．最短距離は展開図上では直線になります．

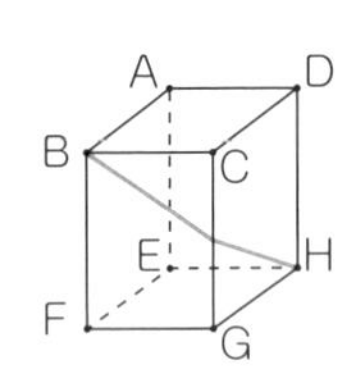

⇒

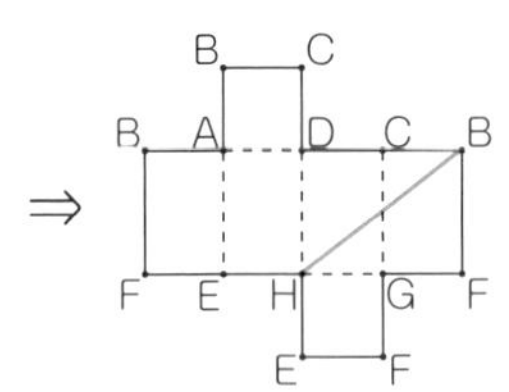

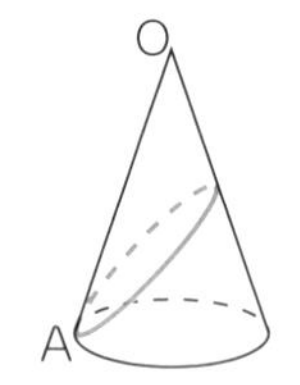

⇒

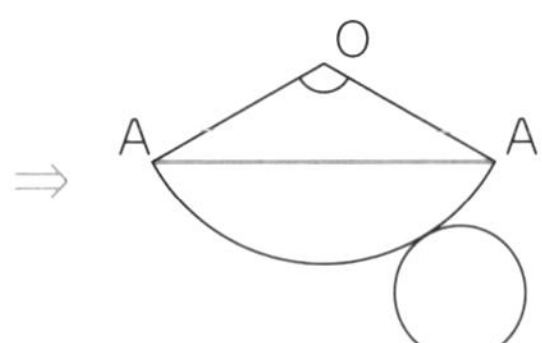

④まとめ

平行四辺形の面積の二等分線

平行四辺形と，平行四辺形の特殊形であるひし形，長方形，正方形の四角形は，対角線がそれぞれ中点で交わることにより，対角線の交点を通る直線によって，面積が二等分される性質があります．

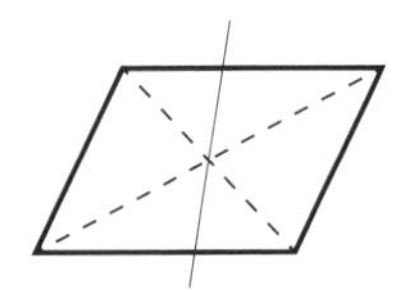

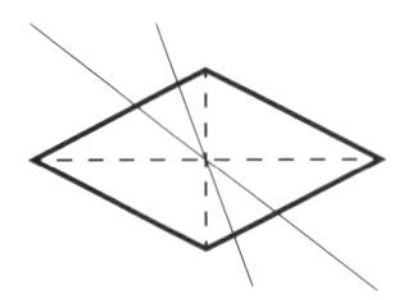

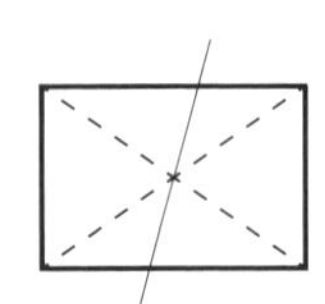

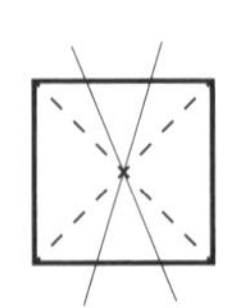

例題 次の図で，AP＝AQ，∠APB＝∠AQCならば，AB＝ACの証明

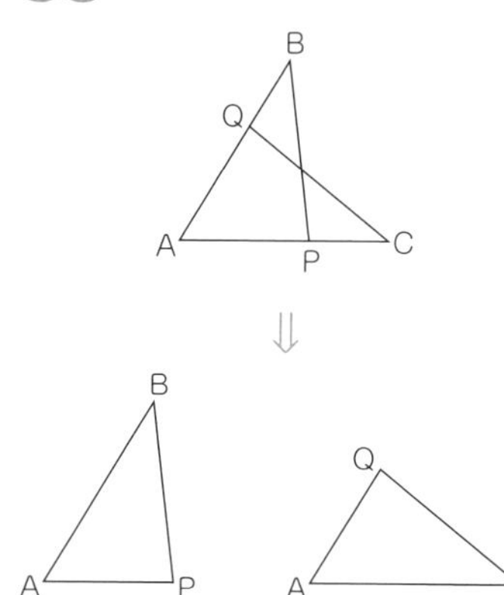

【証明】△ABPと△ACQにおいて，
仮定より，AP＝AQ…①
∠APB＝∠AQC…②
共通な角，∠BAP＝∠CAQ…③
①，②，③より，1組の辺とその両端の角がそれぞれ等しいから，△ABP≡△ACQ
合同な図形の対応する辺の長さはそれぞれ等しいから，AB＝AC
※等しい辺や角には同じ印をつけて考えましょう．

円錐を底面と平行な面で2つに分けた立体（AとB）の体積比

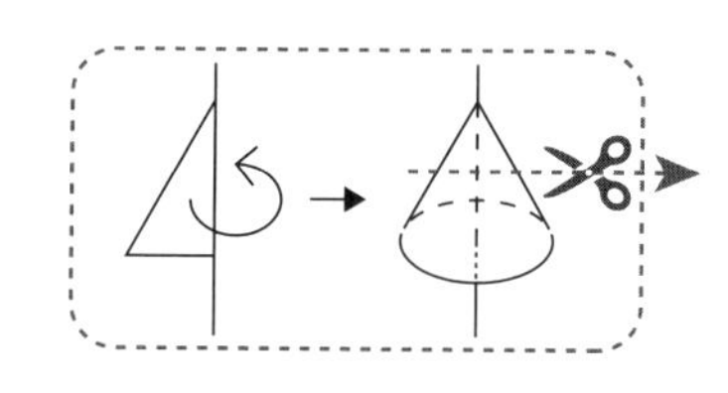

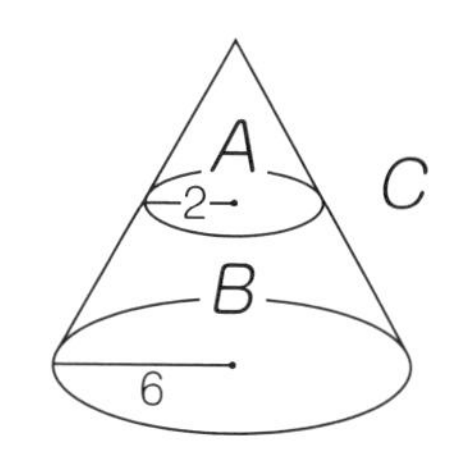

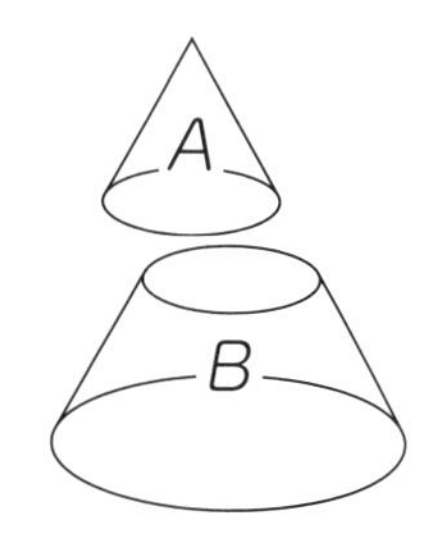

直角三角形を回転させた円錐を底面に水平に切断した立体Bを円錐台といいます．

ⅰ）相似な円錐Aと円錐全体Cの相似比は辺の比より，　A:C＝2:6＝ 1:3

ⅱ）円錐Aと円錐全体Cの相似比は1:3なので，体積比は，　$1^3:3^3$ ＝ 1:27

ⅲ）円錐Aと円錐台BはB ＝C－Aより，体積比A:Bは，　1:(27－1)＝ 1:26

7 まとめ

平行四辺形の合同の証明

例題 ▱ABCDで，対角線の交点をOとし，Oを通る直線と辺AD，BCの交点をそれぞれE，Fとする．このときOE＝OFであることの証明．

【証明】△OAEと△OCFにおいて，対頂角は等しいから，∠AOE＝∠COF…①
AD//BCより，錯角は等しいから∠OAE＝∠OCF…②
平行四辺形の対角線はそれぞれの中点で交わるから，OA＝OC…③
①，②，③より，1組の辺とその両端の角がそれぞれ等しいから，△OAE≡△OCF
合同な図形の対応する辺の長さはそれぞれ等しいから，OE＝OF

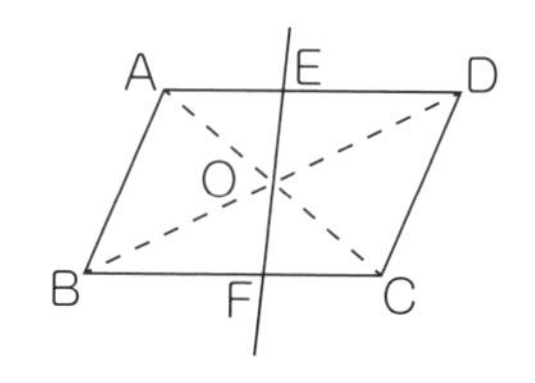

8 まとめ 放物線と直線の交点で作る三角形の等積変形

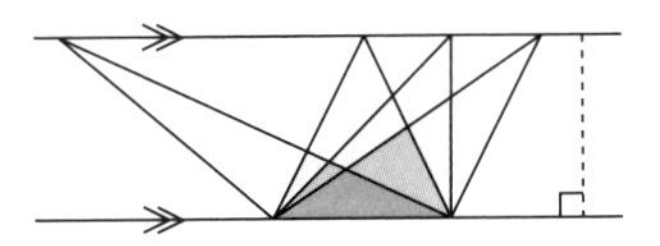

等積変形とは，面積を変えずに形を変えること．右図のように，三角形は底辺が同じなら平行な2直線間の高さ(距離)が同じなので，面積を変えずに形を変えられます．

例題「放物線と直線が，点Aと点Bで交わっているとき△OABの面積を求めよ」

このような問題では，等積変形を使うと簡単に求められます．線分ABとy軸が交わる点をCとすると，点Cのy座標は，直線の切片から求められます．△OAB=△OAC+△OBCで，△OAC，△OBCとも底辺はOCであり，高さはそれぞれ点A，Bのx座標の絶対値となる三角形です．点A，Bからx軸に垂線を下ろし，x軸との交点をそれぞれA′，B′とします．すると△OACと△OA′Cは底辺がOCと共通で，高さが同じOA′になるので，△OAC=△OA′C(面積が等しい)になります．同様に△OBC=△OB′Cになるので，△OAB=△OA′C+△OB′C=△CA′B′になります．

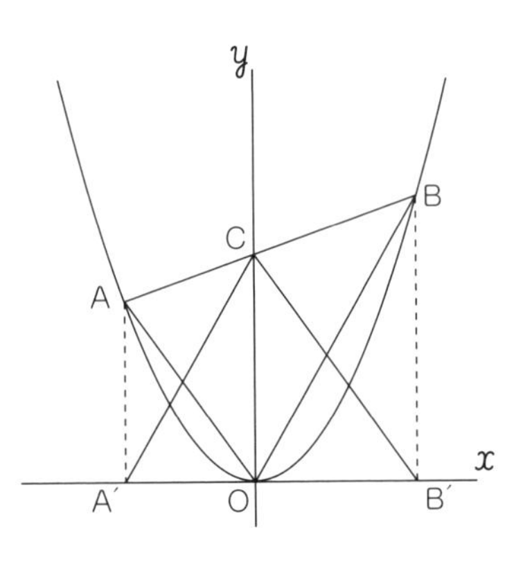

9 まとめ 三角形の面積を二等分する方法

「座標上に点A(−1，1)と点B(2，4)，原点の3点を結んで△OABを作る．このとき，点Aを通って△OABの面積を二等分する直線の式を求めなさい」のような問題では点Aの対辺である辺OBの中点Mの座標を求め，点Aと点Mを通る直線の式を求めます．中点の座標はx座標，y座標をそれぞれたして2でわって求めるので，原点(0，0)と点B(2，4)から辺OBの

中点Mは$\left(\frac{0+2}{2}, \frac{0+4}{2}\right)$ ⇒ M(1，2)として，

点Aと点Mを通る直線の式を求めます．

【ポイント】

(底辺の2等分) ⇒ (底辺の中点を通る)

(底辺の中点) ⇒ (x座標の平均，y座標の平均)

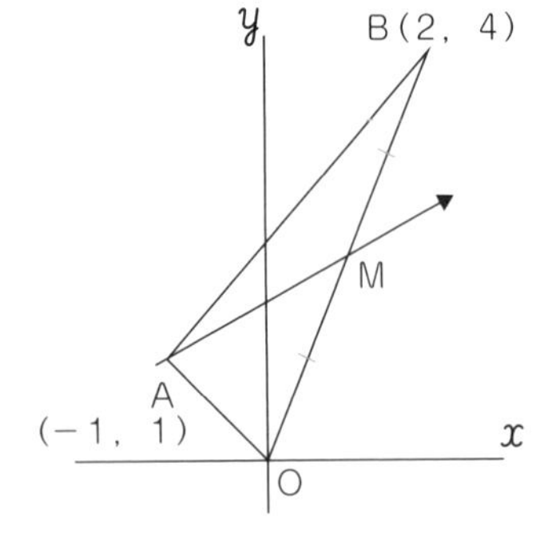

点(a，b)と点(c，d)を両端とする線分の中点は$\left(\frac{a+c}{2}, \frac{b+d}{2}\right)$

相似な図形の線分の比の証明

$\angle A = 90°$である直角三角形において，頂点Aから辺BC に下ろした垂線をADとするときBC:BA＝BA:BDの証明．

【証明】△ABC と△DBA において

∠BAC=∠BDA＝90°(仮定)…①

また，∠ABC=∠DBA(共通)…②

①，②より，２組の角がそれぞれ等しいので

△ABC∽△DBA　相似な図形の対応する線分の比はすべて等しいので

BC:BA＝BA:BD

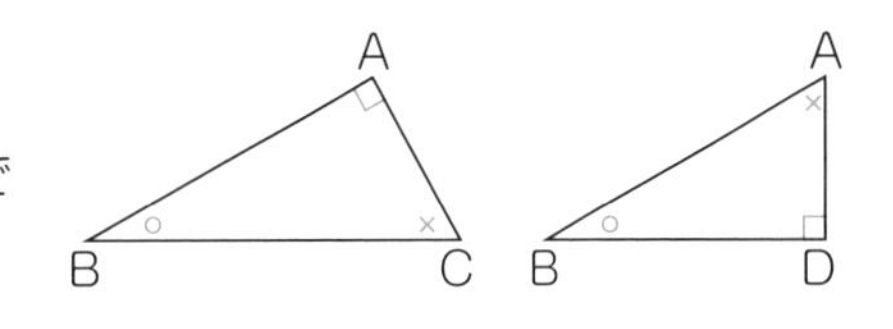

角の二等分線と線分の比

△ABCで∠Aの二等分線と辺BCとの交点をDとすると，AB:AC＝BD:DCの証明

【証明】点Cを通り，DA に平行な直線と，BAを延長した直線との交点をE とする．

AD//ECより，

∠BAD=∠AEC(同位角)

∠DAC=∠ACE(錯角)

仮定より，∠BAD=∠DACだから，

∠AEC=∠ACE

２角が等しいので△ACEは二等辺三角形になりAE＝AC，

△BECでAD//ECより，

AB:AE＝AB:AC＝BD:DC　となります．

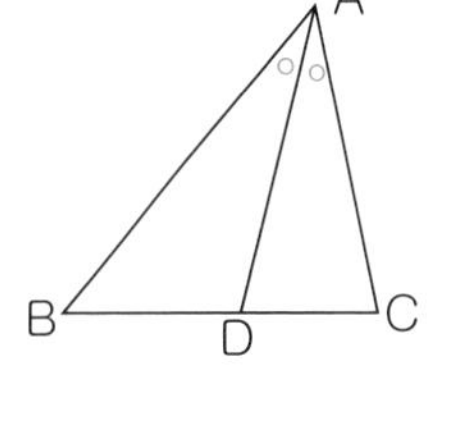

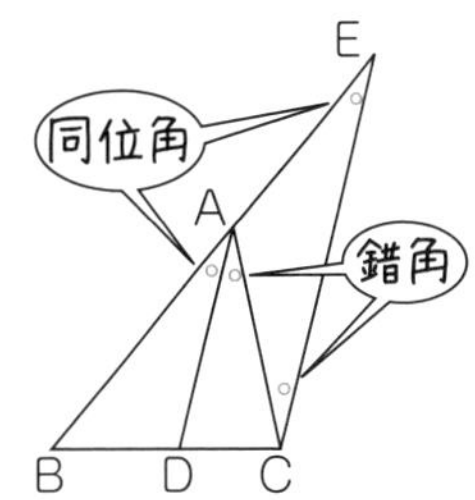

【三角定規】三角定規は２枚一組の直角三角形です．一つは正方形を対角線で二分割した形の直角二等辺三角形，角度は45°45°90°，辺の比は$1:1:\sqrt{2}$です．もう一つは正三角形の一つの頂角を二等分(一つの辺を垂直二等分)した形でもあります．角度は30°60°90°，辺の比は$1:2:\sqrt{3}$です．

三角定規では左図の斜辺($\sqrt{2}$の部分)と右図の$\sqrt{3}$の部分が等しくなります．覚えておくと便利です．

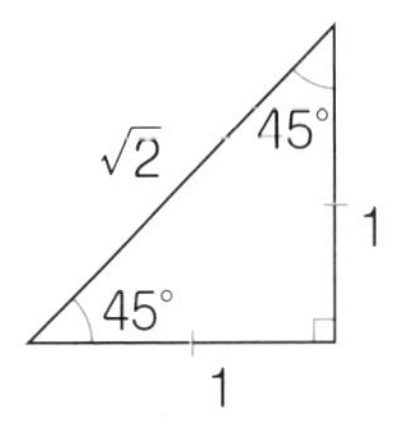

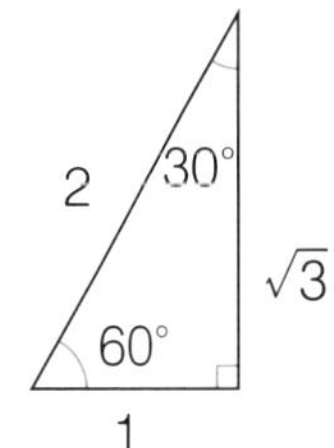

達人への道

中学1年 おうぎ形を究(きわ)める

おうぎ形は円の一部分ですね．P034 14 で中心角a，弧の長さℓ，半径r，面積S のうちのいずれか2つがわかると，残りの2つも求められるとありました．本文中では，aとℓ，rとSがわかる場合の例を説明しましたが，ここでは他の例を説明します．

面積は，$S=\frac{1}{2}\ell r$でも求められます

おうぎ形を細かく切り刻み，互い違いに並べ替えると縦r，横$\frac{1}{2}\ell$の長方形に近づきます．

面積は（縦）×（横）より，$S=\frac{1}{2}\ell r$になります．

また，おうぎ形を底辺ℓ，高さrの三角形と考えると，面積Sは$\frac{1}{2}$×（底辺）×（高さ）より，$S=\frac{1}{2}\ell r$になります．中心角aは，

$S=\pi r^2\times\frac{a}{360}$，$\ell=2\pi r\times\frac{a}{360}$

のいずれかに代入することで求められます．

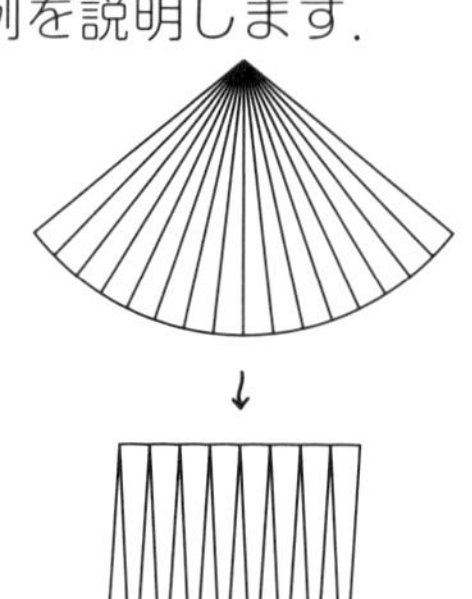

さらに細かくすると
しだいに長方形に近づきます．

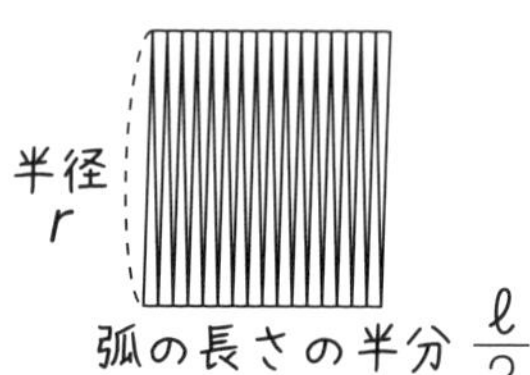

円錐の側面積$S=\pi Rr$，表面積$S=\pi Rr+\pi r^2$【$=\pi r(R+r)$】で求められます

円錐を展開すると側面がおうぎ形，底面が円ですね．おうぎ形の弧の長さと底面の円周が等しいので，この関係を式にすると，

$2\pi R\times\frac{a}{360}=2\pi r$となります．

（おうぎ形の半径Rを母線といいます）

両辺を$2\pi R$でわると，$\frac{a}{360}=\frac{r}{R}$となり，

中心角がわからなくても，円錐の側面積は

$\pi R^2\times\frac{a}{360}=\pi R^2\times\frac{r}{R}=\pi Rr$となります．

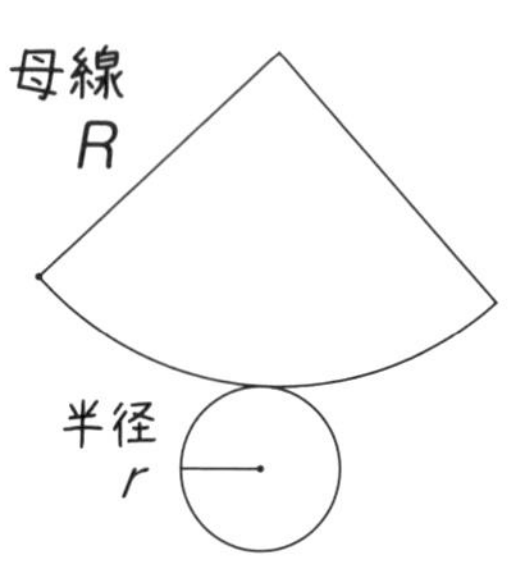

【重要】（表面積）＝（側面積）＋（底面積）

チェックテスト

応用もガッチリ完成

次のおうぎ形につき，空欄をうめなさい．※分数は中心角（a）の360°に占める割合

半径（r）	中心角（a）	分数	弧の長さ（ℓ）	面積（S）
2 cm	90°	$\frac{1}{4}$	①	②
6 cm	150°	$\frac{5}{12}$	③	④
4 cm	135°	$\frac{3}{8}$	⑤	⑥
6 cm	⑦	⑧	2 πcm	⑨
4 cm	⑩	⑪	5 πcm	⑫
12 cm	⑬	⑭	⑮	54 πcm²
8 cm	⑯	$\frac{3}{4}$	⑰	⑱
⑲	120°	$\frac{1}{3}$	2 πcm	⑳
㉑	45°	㉒	㉓	8 πcm²

ワンポイントアドバイス

$S=\pi r^2\times\frac{a}{360}$，$\ell=2\pi r\times\frac{a}{360}$，$\frac{a}{360}=\frac{S}{\pi r^2}=\frac{\ell}{2\pi r}$ 等に代入して求めましょう．

答え

①πcm ②πcm² ③5πcm ④15πcm² ⑤3πcm ⑥6πcm² ⑦60° ⑧$\frac{1}{6}$ ⑨6πcm² ⑩225° ⑪$\frac{5}{8}$ ⑫10πcm² ⑬135° ⑭$\frac{3}{8}$ ⑮9πcm ⑯270° ⑰12πcm ⑱48πcm² ⑲3cm ⑳3πcm² ㉑8cm ㉒$\frac{1}{8}$ ㉓2πcm

達人への道

平行線と角を究(きわ)める

平行線と角で，よくある問題　$\ell /\!/ m$のとき，$\angle x$の大きさを求めよ．

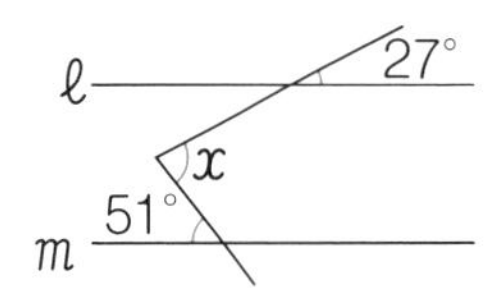

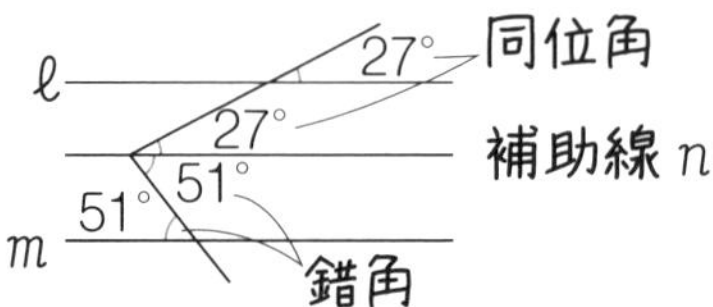

この問題では$\ell /\!/ m /\!/ n$となる補助線nをひきます．平行線の同位角，錯角はそれぞれ等しいので，

$\angle x = 27° + 51° = 78°$となります．

しかし，もっと簡単な解き方をお知らせします．

まず，直線ℓの上に鉛筆を重ねます．点Aを中心として左（時計の針の回転と反対方向）に27°回します．次に点Bを中心として右（時計の針の回転と同じ方向）に78°回します．

その次に点Cを中心に左方向に51°回すと直線mと重なりますね．これは2本の直線が平行なとき，左に回した角度の合計と右に回した角度の合計が等しいのでピタリと重なるのです．平行な2直線なら角がいくつあっても同じです．

$\angle a + \angle c = \angle b + \angle d$が成り立つのです．

これは，補助線をひけない問題などに効果的です．

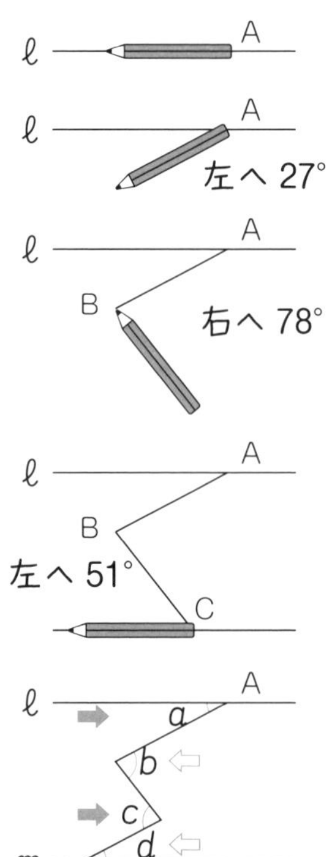

（右向き➡の角の合計）＝（左向き⇦の角の合計）

次に紙テープなどを折ったときにできる角の問題です．

【折り紙の法則】といいますが，必ず同じ角度や同じ長さのところがあることに着目します．紙テープは平行線なので，錯角（Z），同位角（LL），対頂角（X）が等しいことも忘れないように願います．

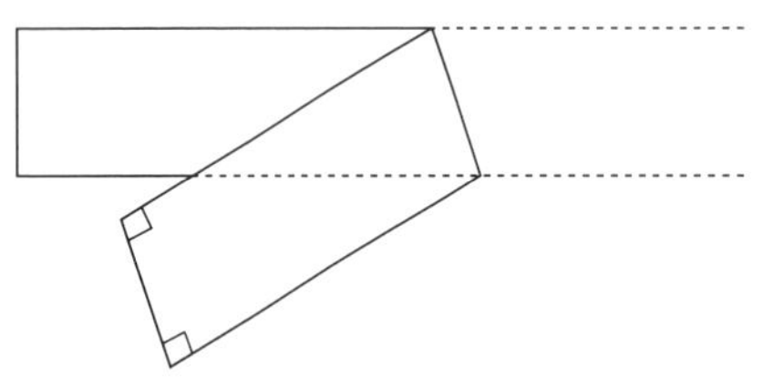

⇒

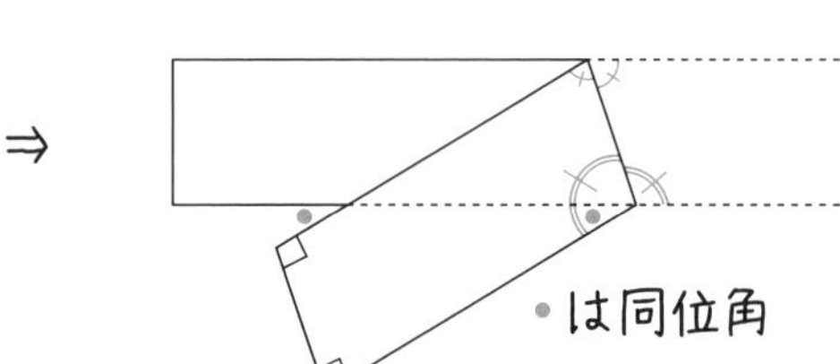

応用もガッチリ完成

次の図の$\angle x$（⑥は$\angle y$も）の大きさを答えなさい．ただし，$\ell // m$とします．

①

②

③

④

⑤ 長方形の紙テープを図のように折ったとき

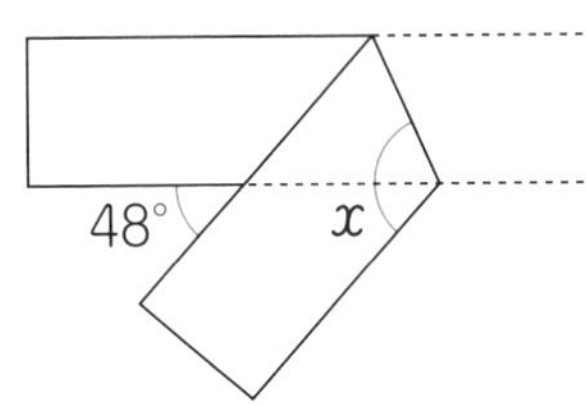

⑥ 長方形の紙を対角線で折ったとき

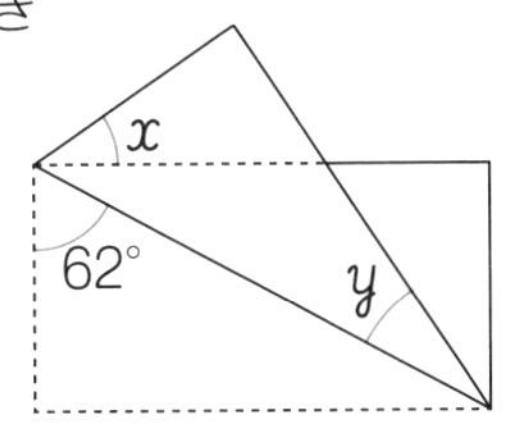

解答欄

①

②

③

④

⑤

⑥

ワンポイントアドバイス

※単位省略　①右向き➡は$(180-x)$と39　②右向き➡は110，左向き⇦はxと？
③➡は$3x$，⇦はxと$(180-120)$　④（右向き➡）＝（左向き⇦）．$x+68=60+32$
⑤48の同位角$+180=2x$　⑥折り紙の法則から　$x=62\times2-90$，$y=90-62$

答え

①147°　②51°　③30°　④24°　⑤114°　⑥$x=34°$，$y=28°$

達人への道

中学3年 円周角を究(きわ)める

円周角の定理の応用問題では，「二等辺三角形の性質」「スリッパの法則」「チョウチョの法則」「キツネの法則」などのほか，補助線をひくと簡単に解ける場合が多いです．

次の図で∠xの大きさを求めなさい．

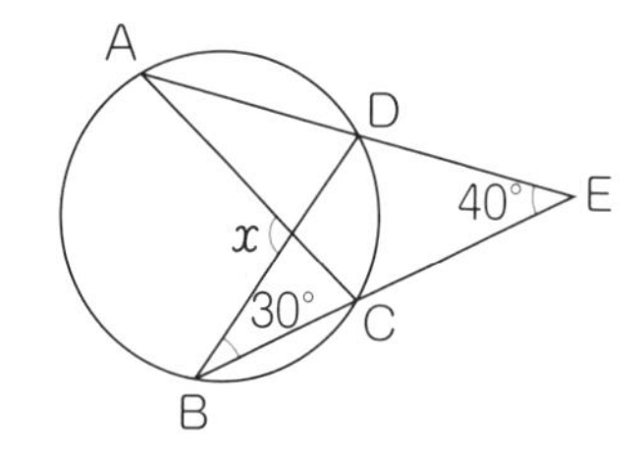

∠x=∠A+∠B+∠E＝100°

【キツネの法則を使います】※P066参照

各点は円周の6等分点

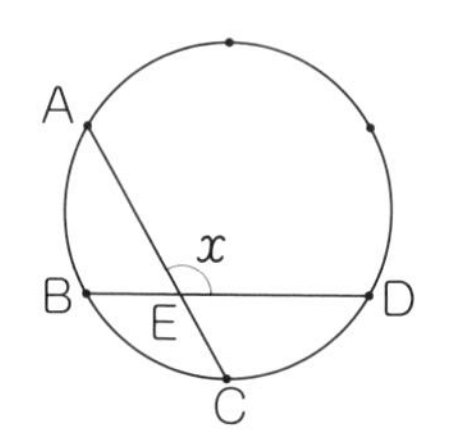

点Aと点Dを結ぶと∠A=∠D＝30°,

∠A+∠D+∠x＝180°より

∠x＝120°【補助線をひきます】

円周角の定理の逆

円周上に3点A，B，C があって，点Pが，直線AB について点Cと同じ側にあるとき，∠APB＝∠ACBならば，4点A，B，C，Pは同一円周上にある．

∠APB＝90°のとき，点PはABを直径とする円周上にある．

達人技 大工の棟梁(とうりょう)はこれを利用し，2本の直径の交点から丸太の中心を探し当てているのです．

円と接線の性質 重要

① 円の接線は，接点を通る半径に垂直である． OA⊥AP，OB⊥BP

② 円外の1点からその円に対してひいた2本の接線の長さは等しい． PA＝PB

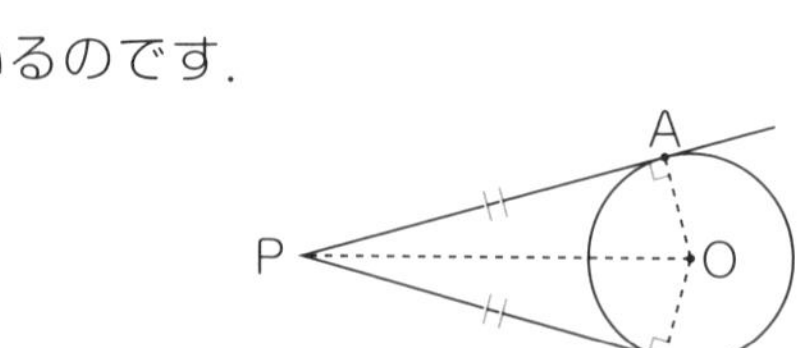

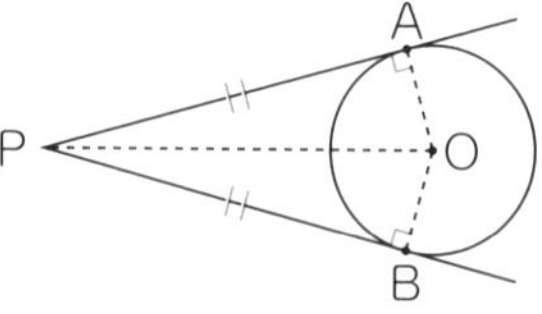

円周角の定理を使った証明問題

右の図で，3点A，B，Cは同一円周上の点で，∠Aの二等分線と円との交点をD とするとき，△BDCは二等辺三角形であることを証明しなさい．

【証明】仮定より，∠BAD＝∠CAD…①

弧BDに対する円周角より∠BAD＝∠BCD…②

弧CDに対する円周角より∠CAD＝∠CBD…③

①，②，③より∠BCD＝∠CBD　2つの角が等しいから△BDCは二等辺三角形である．

中学一年 中学二年 中学三年 特別授業

チェックテスト

応用もガッチリ完成

次の問題に答えなさい.

次の図の∠xの大きさを答えなさい.

①

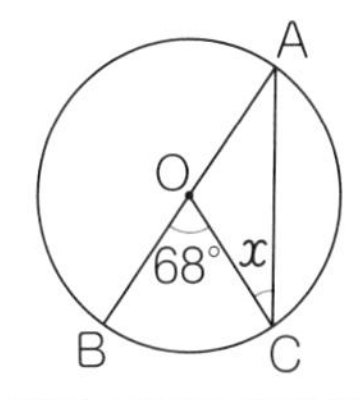

②

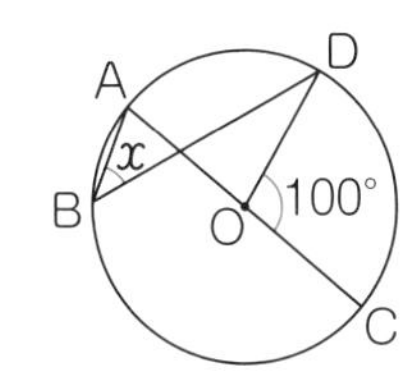

解答欄
①
②

次の図の∠xの大きさを答えなさい. 次の図のxの値を答えなさい.

③

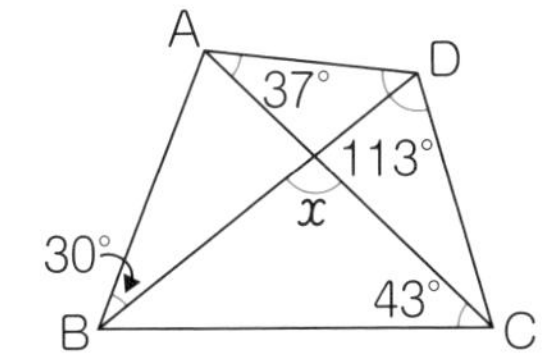

④

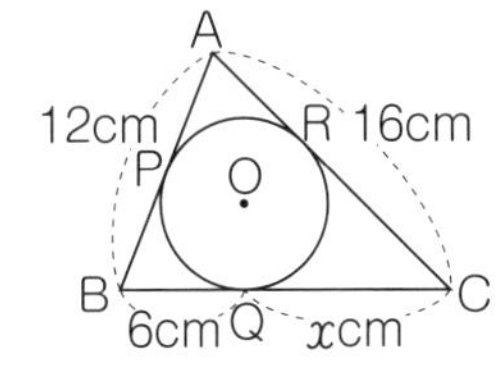

③
④

次の図のように円周上に4点A, B, C, Dがあるとき,

⑤AD//BCならば, 弧AB＝弧CDを証明しなさい.

⑥弧AB＝弧CDならば, AD//BCといえるか？

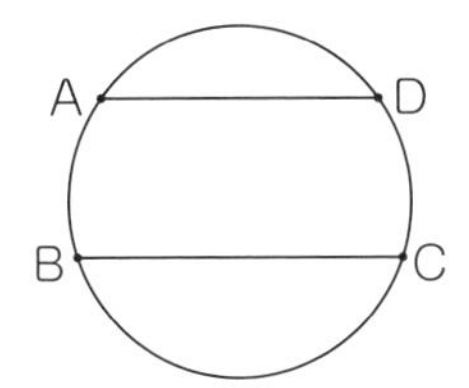

⑤
⑥

ワンポイントアドバイス

①△OACは二等辺三角形　②∠ABD＋∠DBC＝∠ABC＝何度？
③∠ACD＝何度？　④AP＝AR, BP＝BQ, CQ＝CR, 値は単位不要
⑤補助線をひいて考えましょう. ⑥点Dと点Bを結びます. 弧AB＝弧CDならば, 同じ長さの弧に対する円周角は等しいので, ∠ADB＝∠DBC. 錯角が等しい2直線は？

答え

①34°　②40°　③100°　④x＝10(単位なし)　⑤点D と点Bを結びます. AD//BCより, 平行線の錯角は等しいので, ∠ADB＝∠DBC, 等しい円周角に対する弧の長さは等しいので, 弧AB＝弧CD
⑥AD//BCといえます.

新傾向の問題

最近の高校入試の数学では，次の様な新傾向の問題が出題されます．

> c■$d=cd-c^2$ ，c●$d=d^2-cd$になるような計算記号■，●をつくります．このとき，次の問いに答えなさい．
> (1)　2■4　を計算しなさい．
> (2)　(1●2)■3　を計算しなさい．
> (3)　(2■5)●(6●5)　を計算しなさい．

実際にはこのような記号はありませんから，通常出てこない記号を提示されて，それに対応できるかどうか試される「記号読解力」の問題です．

・例えば，3■4なら，　$3\times4-3^2=12-9=3$　になり，1●5なら，$5^2-1\times5=25-5=20$　になります．それでは解説と解答です．

(1) 2■4$=2\times4-2^2=8-4=4$　　答え　4

(2) (1●2)■3は，カッコの中を先に計算します．
1●2$=2^2-1\times2=4-2=2$　　次に，2■3　を計算します．
2■3$=2\times3-2^2=6-4=2$　　答え　2

(3) (2■5)●(6●5)は，前後のカッコの中を先に計算します．
2■5$=2\times5-2^2=10-4=6$,
6●5$=5^2-6\times5=25-30=-5$
次に，6●(-5)を計算します．
6●$(-5)=(-5)^2-6\times(-5)=25+30=55$　となります．
答え　55

複雑なように見えても，一つずつ分けて考えればさほど難しくありません．どんな問題が出ても，臨機応変に対応できる柔らかい頭をふだんから鍛えておきましょう．

そのためにも「思考力検定」や「数学検定」に積極的にチャレンジしてみましょう！

あとがき

木登りの名人が，高い木から降りてくる人に対し，高い所にいるときは何も言わず，軒先くらいの高さまで降りたとき「過ちすな，心しておりよ」と声をかけた．兼好法師は「飛び降りたって降りられる高さなのに，どうしてそんな声をかけるのか」と尋ねると「高くて目がくらみ，枝が折れそうなときは，自分で注意するので声はかけません．過ちはたやすいところで起きるものです」と答えた．兼好法師は「聖人の教えにかなっている」と「徒然草」(第百九段) に紹介しているのです．

数学の試験で手も足も出ない難問はあきらめもつきますが，うっかりミスで簡単な問題を間違えると悔やんでも悔やみきれませんね．毎回毎回のミスは，本当は力不足練習不足ですが「うっかりミス」と軽く考える生徒が多いので「うっかりミスは重要なミス！今のうちに直しておかないと社会に出てから困るよ」と厳しく指導してきました．そしてうっかりミスを根絶させるため，演習を繰り返し，数学の基礎基本をガッチリ固める塾内教材 (ドリル) を多数開発してきました．

これらのドリルを徹底的に繰り返し演習すればうっかりミスが減り，それだけでも点数がアップするのはもちろん，いわゆる「数学力」が鍛えられることも判明しました．これは入塾試験も行わず先着順で生徒を受け入れているにもかかわらず，数学満点や高得点者が続出したことからも明らかです．さらに日本数学検定協会から「実用数学技能検定グランプリ金賞」を拝受したのです．

まえがきでも触れましたが，「学力向上の秘訣は，丁寧に教わってたくさん演習すること」．ぜひこの本で繰り返し演習して基礎基本 (数学の底力(そこぢから)) を身につけ，数学を得意教科にしてください．

対話重視型教育　新学フォーラム　西口正

成功するまでやり抜く！
ひとたび立てた目標は
どんなことがあっても
必ずやり遂げよう
決まったことを
決まった時間に
決まった場所で
毎日着実に実行すれば
どんな大きな目標でも
必ず達成できる
最後の最後まで自分を信じ
決してあきらめないで
一生懸命頑張ろう

※この本と併用すれば効果的な教材「数学の底力シリーズ」特別販売 (詳細は最終ページ参照)．

質問券

本を読んでわからないところがあったら質問してみよう！

送り先：新学フォーラム　FAX 047-477-1999

質問

解答

ご質問の際は必ずご記入ください

お名前

学年

ＦＡＸ番号

□大至急

□至急

□急がない

（郵送ご希望の場合は住所をご記入ください）

ご住所　〒

■著者略歴
西口　正（にしぐち　ただし）

1947（昭和22）年8月、兵庫県芦屋市生まれ。慶應義塾大学経済学部卒。大手損保に勤務するも、教育に対する情熱を抑えきれず、独立して塾開業。塾激戦地、津田沼（千葉県）に新学フォーラム設立。確固たる指導理念に基づいた対話重視型教育、躾や社会常識を重視した人間教育には定評があり、学校教師や他塾講師子弟が多く通う塾として知られる。基礎基本をガッチリ固めて数学の底力（そこぢから）をつけ、うっかりミスを激減させる独自の指導法により、多くの生徒が満点や高得点を収め、日本数学検定協会の「実用数学技能検定グランプリ金賞」を受賞する。教員（公務員）志望者向け月刊『教員養成セミナー』（時事通信社）に「超文系のための数学緊急レスキュー」連載（動画付）。教育カウンセラー。
座右の銘「成功するまでやり抜く！」

●主な著書
『中学数学の基本のところが24時間でマスターできる本』（明日香出版社）
『中学数学の文章題が21時間でマスターできる本』（明日香出版社）
『あたりまえだけどなかなかできない勉強のルール』（明日香出版社）
『親の教科書　勉強の達人』（日新報道）
『受験は計画　成績アップノート』（文春ネスコ）
『まわりをみるな　前を見よ！』（ぱるす出版）
『成功するまでやり抜く！』（高木書房）
『すいすい解ける！中学数学の文章題』（実業之日本社）
『中学数学のつまずきどころが7日間でやり直せる授業』（日本実業出版社）
『親と子の「名言」書き写しノオト』（秀和システム）
『書いて心を整える論語』（主婦の友社）など多数。

本書の内容に関するお問い合わせは弊社HPからお願いいたします。

〈改訂増補（かいていぞうほ）〉たったの10問（もん）でみるみる解（と）ける中学数学（ちゅうがくすうがく）

2021年　7月 21日　　初　版　発　行

著　者　西口（にしぐち）　正（ただし）
発行者　石　野　栄　一

明日香出版社
〒112-0005 東京都文京区水道 2-11-5
電話 (03) 5395-7650（代 表）
(03) 5395-7654（FAX）
郵便振替 00150-6-183481
https://www.asuka-g.co.jp

■スタッフ■　BP事業部　久松圭祐／藤田知子／藤本さやか／田中裕也／朝倉優梨奈／竹中初音／畠山由梨／竹内博香
BS事業部　渡辺久夫／奥本達哉／横尾一樹／関山美保子

印刷・製本　株式会社フクイン
ISBN 978-4-7569-2157-4 C6041

編集担当　竹内博香